附录 B　某法院办公楼施工图
（建筑、结构、装饰）

目　　录

附录 B.1　建筑施工图

建施 - 01　总平面图 ……………………………………………… 1
建施 - 02　建筑设计说明 ………………………………………… 2
建施 - 03　公共建筑节能设计说明（一）……………………… 3
建施 - 04　公共建筑节能设计说明（二）……………………… 4
建施 - 05　一层平面图 …………………………………………… 5
建施 - 06　二层平面图 …………………………………………… 6
建施 - 07　三层平面图 …………………………………………… 7
建施 - 08　屋顶层平面图 ………………………………………… 8
建施 - 09　①～⑬轴立面图 ……………………………………… 9
建施 - 10　⑬～①轴立面图 ……………………………………… 10
建施 - 11　Ⓐ～Ⓕ轴立面图 ……………………………………… 11
建施 - 12　Ⓕ～Ⓐ轴立面图 ……………………………………… 12
建施 - 13　①-①剖面图 …………………………………………… 13
建施 - 14　楼梯和节点大样图/卫生间做法详图/飘窗节点详图 … 14
建施 - 15　门窗大样图 …………………………………………… 15
建施 - 16　一层节能范围线图 …………………………………… 16
建施 - 17　二、三层节能范围线图 ……………………………… 17
建施 - 18　屋面顶层节能范围线图 ……………………………… 18

附录 B.2　结构施工图

结施 - 01　结构设计总说明（一）……………………………… 19
结施 - 02　结构设计总说明（二）……………………………… 20
结施 - 03　某法院办公楼基础设计总说明 …………………… 21
结施 - 04　桩基平面布置图 ……………………………………… 22
结施 - 05　地梁平面布置图 ……………………………………… 23
结施 - 06　一层框架柱平面布置图 ……………………………… 24
结施 - 07　二层梁配筋图 ………………………………………… 25
结施 - 08　二层板配筋图 ………………………………………… 26

结施 - 09　3.9～顶框架柱平面布置图 ………………………… 27
结施 - 10　三层梁配筋图 ………………………………………… 28
结施 - 11　三层板配筋图 ………………………………………… 29
结施 - 12　屋面梁配筋图 ………………………………………… 30
结施 - 13　屋面板配筋图 ………………………………………… 31
结施 - 14　楼梯大样图 …………………………………………… 32
结施 - 15　剪力墙、梁配筋图/TC09151 大样图 ……………… 33
结施 - 16　一层构造柱布置图 …………………………………… 34
结施 - 17　二层构造柱布置图 …………………………………… 35
结施 - 18　三层构造柱布置图 …………………………………… 36

附录 B.3　装饰施工图

装施 - 01　装饰施工图设计说明 ………………………………… 37
装施 - 02　一层平面布置图 ……………………………………… 38
装施 - 03　一层地面材质图 ……………………………………… 39
装施 - 04　一层天棚图 …………………………………………… 40
装施 - 05　二层平面布置图 ……………………………………… 41
装施 - 06　二层地面材质图 ……………………………………… 42
装施 - 07　二层天棚图 …………………………………………… 43
装施 - 08　三层平面布置图 ……………………………………… 44
装施 - 09　三层地面材质图 ……………………………………… 45
装施 - 10　三层天棚图 …………………………………………… 46
装施 - 11　大法庭平面布置图/大法庭天棚图 ………………… 47
装施 - 12　大法庭立面详图 ……………………………………… 48
装施 - 13　大厅平面布置图/大厅天棚图 ……………………… 49
装施 - 14　大厅立面详图 ………………………………………… 50
装施 - 15　卫生间平面图/卫生间天棚图/卫生间立面详图 …… 51
装施 - 16　过道平面布置图/过道天棚图/过道立面图 ………… 52
装施 - 17　楼梯间平面图/楼梯间立面详图 …………………… 53
装施 - 18　节点详图一/节点详图二/节点详图三 ……………… 54

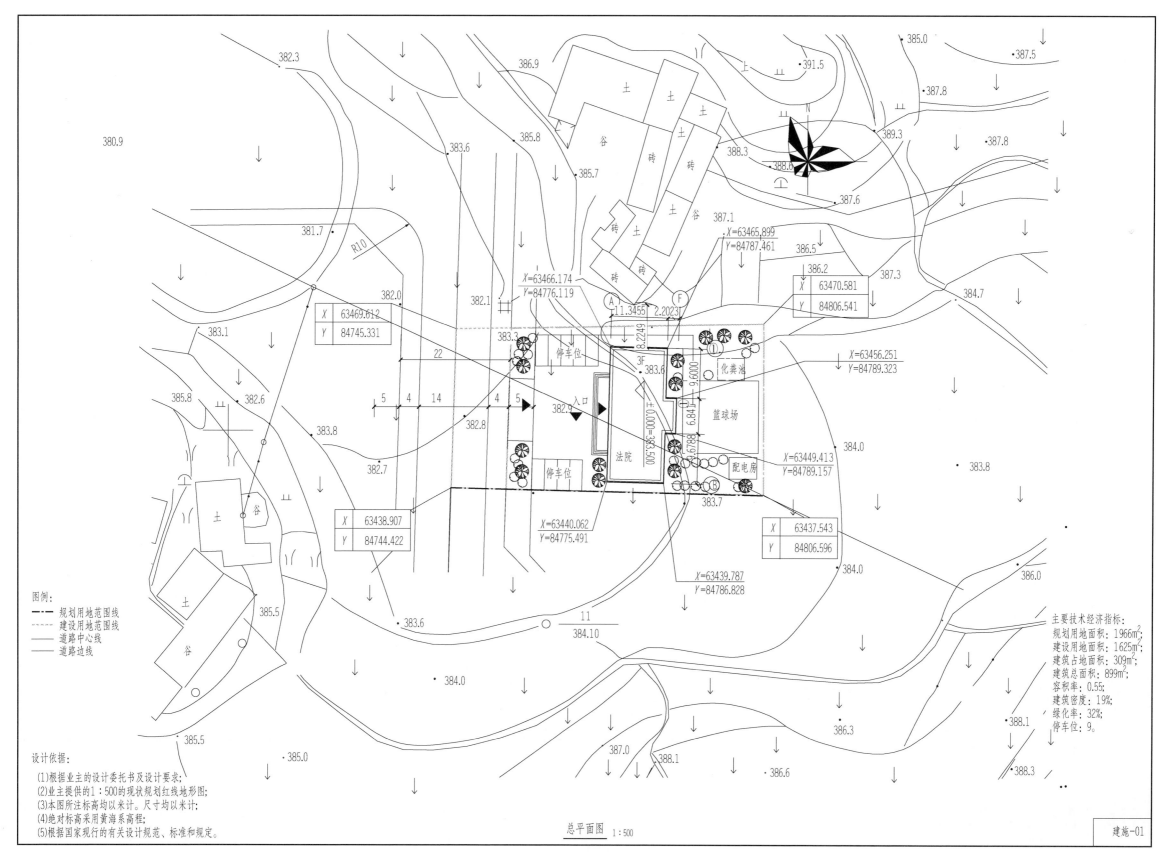

图例:
—··— 规划用地范围线
------ 建设用地范围线
———— 道路中心线
———— 道路边线

设计依据:
(1)根据业主的设计委托书及设计要求;
(2)业主提供的1:500的现状规划红线地形图;
(3)本图所注标高均以米计。尺寸均以米计;
(4)绝对标高采用黄海系高程;
(5)根据国家现行的有关设计规范、标准和规定。

主要技术经济指标:
规划用地面积:1966m²;
建设用地面积:1625m²;
建筑占地面积:309m²;
建筑总面积:899m²;
容积率:0.55;
建筑密度:19%;
绿化率:32%;
停车位:9。

停车位
入口
停车位
法院
篮球场
化粪池
配电房

总平面图 1:500

建施-01

1

建筑设计说明

1.设计依据
(1)甲、乙双方签订的设计合同及甲方提出的设计委托书。
(2)某法院办公楼工程初步设计文件(方案)。
(3)某规划局及消防部门初步设计(方案)审批文件和消防设计审核意见书。
(4)《办公建筑设计标准》(JGJ 67—2019)。
(5)《建筑设计防火规范》(GB 50016—2014)。
(6)《建筑灭火器配置设计规范》(GB 50140—2005)。
(7)《民用建筑设计通则》(GB 50352—2019)。
(8)《无障碍设计规范》(GB 50763—2012)。
(9)《夏热冬冷地区居住建筑节能设计标准》(JGJ 134—2010)。
(10)《重庆市建设领域限制、禁止使用落后技术的通告》(第一、二、三、四、五号)。
(11)国家和重庆市现行有关其他规范、规程、规定、条例。

2.项目概况
(1)某法院办公楼位于重庆xx区xx镇,该工程共3层。
一~三层均为办公楼。总建筑面积899m²,建筑基底面积309m²,建筑高度11.1m。
结构形式采用框架结构,建筑类别为乙类,抗震烈度为6度,耐火等级二级,屋面防水等级Ⅱ级,
合理使用年限为15年。建筑结构合理使用年限为50年。
(2)设计范围:本设计除外墙装修一次完成外,室内仅作初装修。

3.设计标高
本工程±0.000相当于绝对标高383.500m,各层所标注的标高为建筑完成面标高,以m为单位,总平面尺寸
以m为单位,其他尺寸以mm为单位。

4.建筑各部分构造做法

4.1墙体
(1)墙体采用砖的种类和砂浆强度种类、强度等级详见结施说明。
(2)墙身在标高-0.060m处,做1:2水泥砂浆加5%防水剂防潮层,30mm厚。
(3)凡墙体内预埋木砖均需作防腐处理,钢、铁件均需作除锈处理,以防锈底漆打底,刷防锈漆两道。
(4)竖井围护墙需待设备管道(包括铁皮风管)安装及检验合格后方能砌筑,所有管井内壁随砌随抹光。
(5)孔洞预留:本工程砖墙上的孔洞和钢筋混凝土楼面的预留孔分别详见各专业设计图,施工中要严格要求,
严禁现浇楼板施工形成后凿洞,若预制楼板的地方要凿洞,则预制楼板要改为现浇楼板,墙体上的洞
口必须预留,管道安装完成后缝隙用矿棉水泥填塞密实。
(6)不同墙体材料相接处挂钢丝网,钢丝网的规格是ϕ0.9mm,网格12mm×12mm,宽度300mm,伸入砌体和
梁、柱各150mm,用水泥钉或射钉固定。

4.2楼地面
楼、地面做法详见装饰施工图,土建施工时应严格按图预埋连接铁件。

4.3屋面
(1)屋面各部分做法详见本页建筑工程做法表,且应严格按图预埋连接铁件。
(2)屋面排水坡度为2%,坡向雨水口,不得出现消水和倒流现象。
(3)屋面女儿墙净高≥1200mm。

4.4栏杆
楼梯栏杆和扶手做法详见本页建筑工程做法表,扶手高度≥900mm,栏杆水平段长度大于500mm时,扶手度≥1050mm。

4.5 门窗
(1)门:详见本页门窗表。
(2)管道井检修门定位与管道井外侧墙面平,且在门口做300高门槛,宽同墙厚;管道井防火门须配防火门锁。
(3)窗选用多腔塑料型材框中空玻璃窗,颜色为灰白色;钢衬≥1.5mm且钢衬进行镀锌防腐处理,窗玻璃选用
6mm+9A+6mm,颜色为白色(单扇玻璃面积大于1.5m²时,必须使用5mm厚钢化玻璃)。
(4)窗台:详见立面、剖面标注,高度<900mm,均做护窗栏杆,做法详见本页建筑工程做法表。
(5)底层外墙窗,窗台距室外地面高度低于2000mm时,设置不锈钢防盗网。
(6)所有外窗均设置限位卡。
(7)所有门窗制作安装应与现场实际尺寸核对无误后方可施工。门窗立面分格及开启方式为示意,由具有资质专业厂家设计安装。

4.6 装修
(1)外墙:外立面采用外墙砖饰面,颜色详见立面标准。所有外墙做法详见本页建筑工程做法表。选择外墙材料及色彩时均应
先选定样品,待规划、设计等有关部门认可后,方可施工。

(2)内墙:所有内墙为混合砂浆喷涂料墙面,做法详见本页《建筑工程做法表》。
精装修详见装饰施工图。
(3)顶棚:所有顶棚为混合砂浆喷涂料顶棚,精装修详见装饰施工图。

4.7 其他
(1)室内消火栓下口离地1100mm高,具体安装详见15S202。
(2)室外散水、踏步、坡道、排水沟等做法详见本页《建筑工程做法表》。

5.注意事项
(1)建筑施工必须与结构、给排水、电气、弱电等专业图纸密切配合,做好预
留孔洞及预埋件等工作。
(2)对本设计的任何变更必须依据设计修改通知单才能进行。
(3)如发现建筑图纸有误或施工中发生问题请及时通知设计人员并协同解决。
(4)本说明未尽事宜,尚应遵守国家和地方有关的施工验收规范和有关规定。
(5)待一切手续完善后,方可使用本图施工。

门窗表

类型	设计编号	洞口尺寸(mm)	数量	图集名称	选用型号	备注
门	M0821	800X2100	6			
	FM1021	1000X2100	1		防盗门	防盗门经公安等部门批准的合格产品
	M1021	1000X2100	28			用户自理
	M1821	1800X2100	1			详见装饰施工图
	M3027	3000X2700	1			用户自理
	M1221	1200X2100	1			用户自理
窗	C1	900X1500	25	专业厂家制作安装	多腔塑料型材窗框	多腔塑料厚2.8mm 空气层9mm
	C2	1500X1500	50		多腔塑料型材窗框	
	PC1518	1500X1800	25		多腔塑料型材窗框	
	C1215	1200X1500	25		多腔塑料型材窗框	

注 1.本表应与实际情况核对无误后方可进行门窗制作。
2.宽度大于3m的窗台现浇压顶。

建筑工程做法表

名称	施工做法	其余房间	卫生间	阳台	厨房	楼梯间	名称	施工做法	备注
地面1	西南18J312-19-3182	○	○	∨	×	×	护窗栏杆	西南18J412-53-1a	所有护窗栏杆
地面2	西南18J312-19-3183	×	×	∨	○	○	楼梯转换处	西南18J412-62-3	所有楼梯转换处
楼面1	西南18J312-19-3184	×	○	∨	○	×	室外散水	西南18J812-4-1	所有室外散水
楼面2	西南18J312-19-3183	×	×	∨	○	×	室外坡道	西南18J812-6-D2	所有室外坡道
顶棚	西南18J515-12-P04	○	○	∨	○	○	室外踏步	西南18J812-7-4	所有室外踏步
内墙1	西南18J515-4-N04	○	×	∨	○	○	室外排水沟	西南18J812-3-2a	所有室外排水沟
内墙2	西南18J515-5-N11	×	○	∨	○	×	室外道路	西南18J812-13-4	所有室外道路
踢脚线1	西南18J312-20-3187	○	×	∨	○	○	室外道路路牙	西南18J812-15-1.D	所有室外道路路牙
踢脚线2	西南18J312-20-3188	×	×	∨	○	×	滴水	西南18J516-8-J	所有滴水
地漏	西南18J517-34-4.5	×	○	∨	○	×	排气道	国标16J916-1~2	选用PQW-10
外墙	详见外墙保温构造布置图	所有外墙					管道出瓦屋面	西南18J201-2-37-3	×
外墙漆	西南18J516-63-5310	所有外墙面					出屋面泛水[排烟(气)]	西南18J201-2-21-2	×
屋面防水	详见屋面保温防水构造布置图	所有屋面					瓦屋面雨水管半	西南18J201-2-38-1	×
分格缝	西南18J201-1-13-3	分格缝设置详见屋顶平面图					油漆1	西南18J312-41-3279	所有木门
屋面穿墙出水口	西南18J201-1-46-2	所有屋面出水口					油漆2	西南18J312-43-3290	所有金属
屋面雨水管及雨水斗	西南18J201-1-49-1、2	所有雨水斗及雨水管							
泛水	西南18J201-1-13-2	所有屋面泛水							
楼梯栏杆	西南18J412-42-6	所有楼梯栏杆							
楼梯踏步防滑条	西南18J412-60-4	所有楼梯踏步防滑条							

注 卫生间防水卷材采用高聚物改性沥青防水卷材,4mm厚。

建施-02

2

公共建筑节能设计说明(一)

本工程为外墙外保温系统,以下为计算依据及指标结果。

1.地理气候条件

重庆市XX区属于亚热带湿润季风气候。夏季气温高、湿度大、风速小、潮湿闷热;冬季气温低、湿度大、日照率低、阴冷潮湿。气象参数见下表。

年平均温度	18.0°C	最冷月平均温度	7.3°C
极端最低温度	-2.9°C	最热月平均温度	28.3°C
极端最高温度	40.8°C	冬季平均相对湿度	82%
夏季平均相对湿度	76%	全年日照率	28%
冬季日照率	16%	冬、夏季主导风向	C
主导风向频率	26%~37%	夏季平均风速	1.8m/s

2.设计性依据文件、规范、标准

(1)《重庆市工程建设标准-公共建筑节能设计标准》(DBJ 50-052-2020);
(2)《民用建筑热工设计规范》(GB 50176-2016);
(3)《建筑外门窗气密、水密、抗风压性能分级及检测方法》(GB/T 7106-2016);
(4)建设主管部门有关建筑节能设计的相关文件、规定。

3.主要节能技术措施

3.1窗墙面积比

朝向(或建筑不同立面)	窗墙面积比
东	0.14
南	0.12
西	0.17
北	0.12

注 窗墙面积比按以下公式计算

$$窗墙面积比 = \frac{各朝向(或建筑不同立面)外窗面积}{各朝向外墙面积(包括外窗的面积)}$$

3.2 根据各朝向窗墙面积比确定外窗

朝向(或建筑不同立面)	传热系数 k [W/(m²·K)]	外窗的技术要求
东	2.80	多腔塑料型材窗框
南	—	中空玻璃
西	2.80	6透明+9A+6透明
北	—	

注 外窗的气密性满足《重庆市工程建设标准-公共建筑节能设计标准》第4.2.10条的标准要求,本工程不采用遮阳设计。

3.3 屋面保温隔热设计

屋面构造措施与热工参数见下表。

序号	材料名称	材料厚度 d (mm)	导热系数 λ W/(m²·K)	蓄热系数 S [W/(m²·K)]	材料层热阻 R (m²·K/W)	热惰性指标 D	修正系数
1	碎石、卵石混凝土	40	1.51	15.36	0.03	0.41	1.0
2	水泥砂浆	15	0.93	11.39	0.02	0.18	1.0
3	SBS改性沥青防水卷材	4	0.23	9.37	0.02	0.16	1.0
4	水泥砂浆	15	0.93	11.39	0.02	0.18	1.0
5	挤塑聚苯板	35	0.03	0.32	1.06	0.37	1.1
6	石油沥青1	3	1.27	6.73	—	0.02	1.0
7	水泥砂浆	15	0.93	11.39	0.02	0.18	1.0
8	黏土陶粒混凝土	40	0.84	10.36	0.03	0.49	1.5
9	钢筋混凝土	120	1.74	17.2	0.07	1.19	1.0
10	水泥砂浆	20	0.93	11.37	0.02	0.24	1.0
	屋顶各层之和	307			1.28	3.43	

屋面的总传热阻 $R_0 = R_i + \sum R + R_j = 1.44(m^2·K/W)$

屋面传热系数 $K = \dfrac{1}{屋面的总热阻 R_0} = 0.70W/(m^2·K)$

满足《重庆市工程建设标准-公共建筑节能设计标准》第4.2.1条规定的 $K \leq 0.70W/(m^2·K)$ 的标准要求。

3.4 外墙的保温隔热设计

外墙构造措施与热工参数见下表。

序号	材料名称	导热系数 λ [W/(m²·K)]	材料厚度 d(m)	材料层热阻 $\dfrac{材料厚度 d}{导热系数 \lambda}$ (m²·K/W)
1	饰面层	不计入		
2	水泥砂浆	0.93	20	0.02
3	热镀锌钢丝网	0.93	5	0.01
4	抗裂砂浆			
5	玻化微珠无机保温板	0.085	45	0.32
6	烧结页岩空心砖	0.54	200	0.37
7	水泥砂浆	0.93	20	0.02

外墙构造的总传热阻=0.74

外墙的总传热阻 $= R_i + 外墙构造的总传热阻 + Re = 0.89(m^2·K/W)$

外墙传热系数 $K = \dfrac{1}{外墙的总热阻} = 1.13W/(m^2·K)$

4.权衡计算

4.1 设计建筑能耗计算

项目名称	指标限值(kWh)	设计建筑(kWh)
建筑能耗值	106947	106680

4.2 建筑节能评估结果

计算结果	设计建筑	指标限值
全年能耗	122.20	122.47

4.3 结论

该设计建筑的单位面积全年能耗小于参照建筑的单位面积全年能耗,节能率为50.11%,因此XX区人民法院办公楼

已经达到了《重庆市工程建设标准-公共建筑节能设计标准》的节能要求。

4.4 该工程采取的主要节能措施

外墙:外墙维护结构为200厚烧结页岩空心砖,外50厚玻化微珠无机保温板。

屋面:保温层为35厚挤塑聚苯板。

窗户:多腔塑料型材K_F=2.0×框面积×25%(6透明+9A+6透 明),传热系数2.80W/(m²·K),自身遮阳系数86,
　　　气密性为6级,水密性为3级,可见光透射比0.71。

5.节能详图

5.1 屋面保温节能构造详图

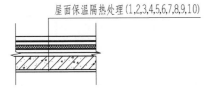

屋面保温隔热处理(1,2,3,4,5,6,7,8,9,10)

1—40厚C25细石混凝土(内配φ^{R}7@500×500钢筋网);
2—15厚水泥砂浆;
3—4厚SBS改性沥青防水卷材;
4—15厚水泥砂浆;
5—35厚挤塑聚苯板(A级燃烧性能);
6—厚石油沥青1;
7—15厚水泥砂浆;
8—40厚黏土陶粒混凝土(找坡,最薄处30);
9—120厚钢筋混凝土;
10—20厚水泥砂浆。

5.2 外墙保温节能构造详图

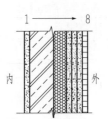

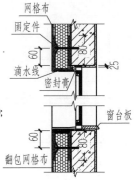

1—20厚水泥砂浆;
2—200烧结页岩空心砖;
3—5厚界面砂浆;
4—50厚玻化微珠保温板;
5—5厚抗裂砂浆;
6—热镀锌钢丝网用塑料膨胀锚栓(直径6长90mm,双向500锚固);
7—20厚水泥砂浆;
8—饰面层。

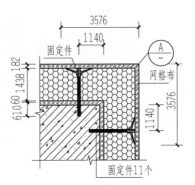

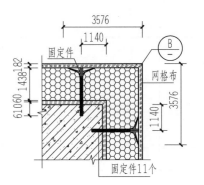

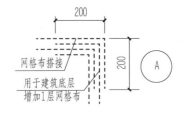

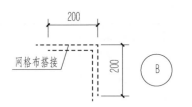

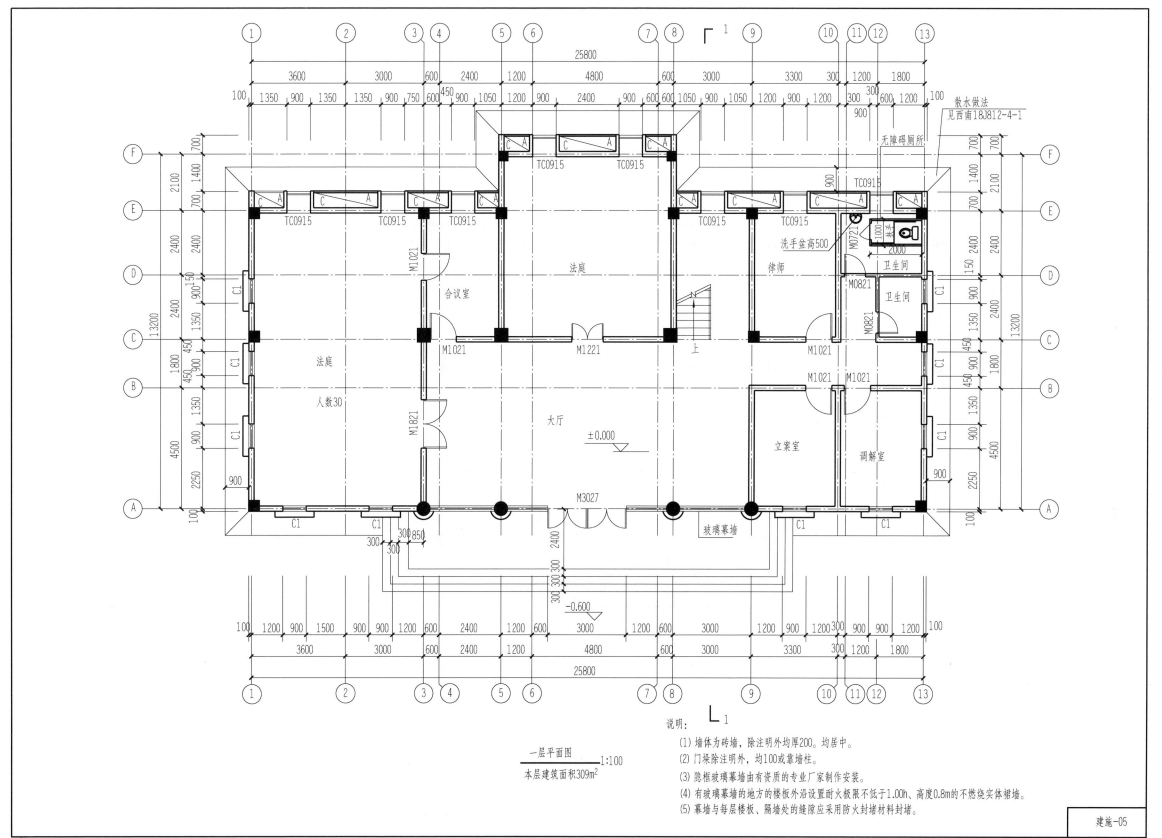

说明：
(1) 墙体为砖墙，除注明外均厚200。均居中。
(2) 门垛除注明外，均100或靠墙柱。
(3) 隐框玻璃幕墙由有资质的专业厂家制作安装。
(4) 有玻璃幕墙的地方的楼板外沿设置耐火极限不低于1.00h、高度0.8m的不燃烧实体裙墙。
(5) 幕墙与每层楼板、隔墙处的缝隙应采用防火封堵材料封堵。

一层平面图 1:100
本层建筑面积309m²

建施-05

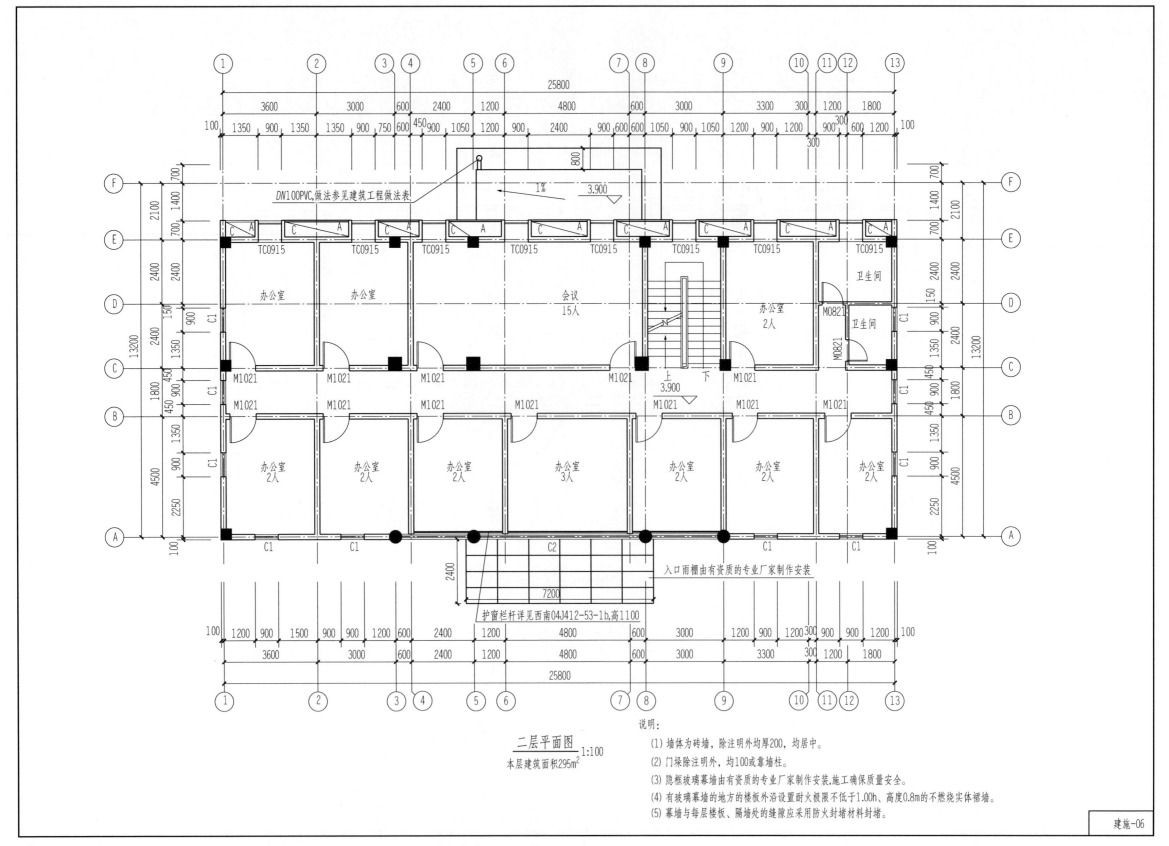

DN100PVC,做法参见建筑工程做法表

1%　3.900

TC0915　TC0915　TC0915　TC0915　TC0915　TC0915　TC0915　TC0915

办公室　办公室　会议　15人　办公室　2人　卫生间　卫生间

M0821　M0821

M1021　M1021　M1021　M1021　上　3.900　下　M1021　M1021　M1021

M1021　M1021　M1021　M1021　M1021　M1021　M1021

办公室　办公室　办公室　办公室　办公室　办公室　办公室
2人　2人　2人　3人　2人　2人　2人

C1　C1　C1　C1

C1　C1　C2　C1　C1

入口雨棚由有资质的专业厂家制作安装

护窗栏杆详见西南04J412-53-1b,高1100

25800
3600　3000　600　2400　1200　4800　600　3000　3300　300　1200　1800
100　1350　900　1350　1350　900　750　600　450　900　1050　1200　900　2400　900　600　600　1050　900　1050　900　1200　900　300　600　1200　100

800

700　1400　2100　700　2400　2400　150　2400　900　1350　450　1800　900　450　1350　4500　2250　100

700　1400　2100　2400　2400　150　2400　900　1350　450　1800　900　450　1350　4500　2250　100

13200

2400

7200

100　1200　900　1500　900　900　1200　600　2400　1200　4800　600　3000　1200　900　1200　300　900　900　1200　100
3600　3000　600　2400　1200　4800　600　3000　3300　300　1200　1800
25800

二层平面图　1:100
本层建筑面积295m²

说明:
(1) 墙体为砖墙,除注明外均厚200,均居中。
(2) 门垛除注明外,均100或靠墙柱。
(3) 隐框玻璃幕墙由有资质的专业厂家制作安装,施工确保质量安全。
(4) 有玻璃幕墙的地方的楼板外沿设置耐火极限不低于1.00h、高度0.8m的不燃烧实体裙墙。
(5) 幕墙与每层楼板、隔墙处的缝隙应采用防火封堵材料封堵。

建施-06

6

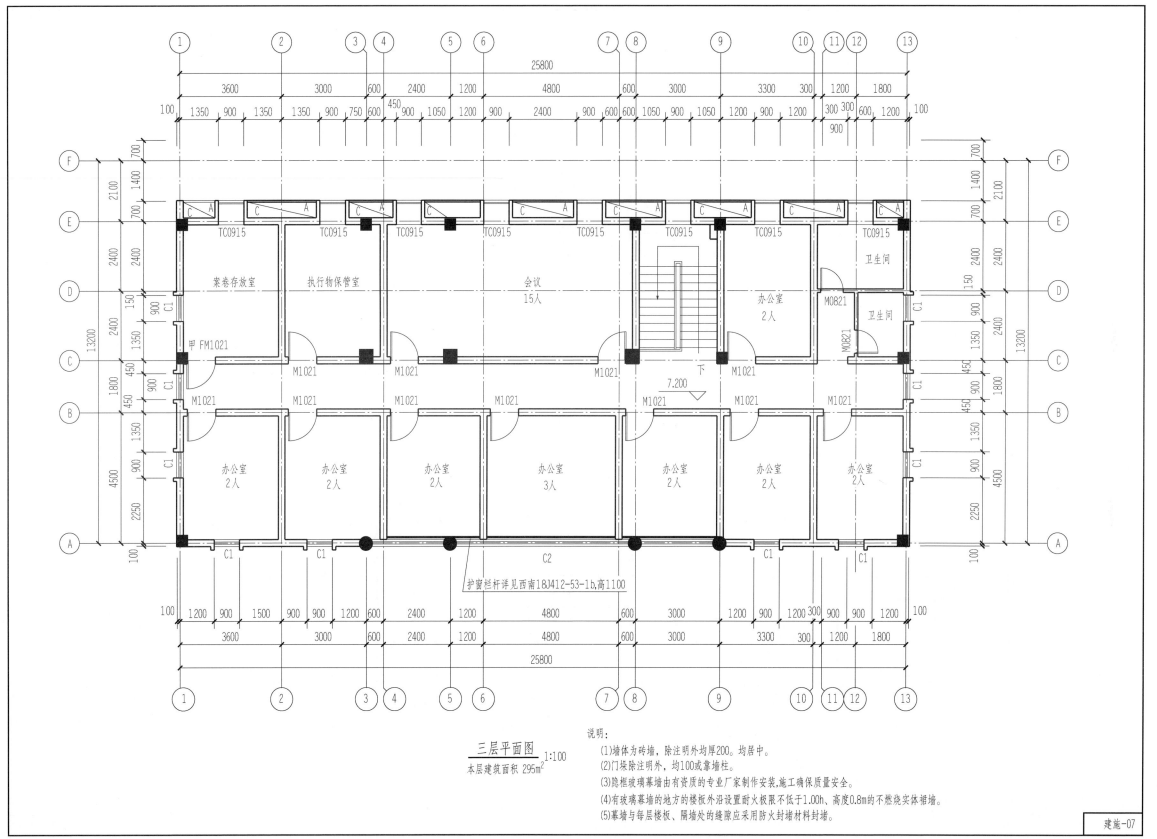

三层平面图 1:100
本层建筑面积 295m²

说明:
(1)墙体为砖墙,除注明外均厚200。均居中。
(2)门垛除注明外,均100或靠墙柱。
(3)隐框玻璃幕墙由有资质的专业厂家制作安装,施工确保质量安全。
(4)有玻璃幕墙的地方的楼板外沿设置耐火极限不低于1.00h、高度0.8m的不燃烧实体裙墙。
(5)幕墙与每层楼板、隔墙处的缝隙应采用防火封堵材料封堵。

案卷存放室
执行物保管室
会议 15人
办公室 2人
卫生间
卫生间

办公室 2人
办公室 2人
办公室 2人
办公室 3人
办公室 2人
办公室 2人
办公室 2人

护窗栏杆详见西南18J412-53-1b,高1100

甲 FM1021
M1021
M0821

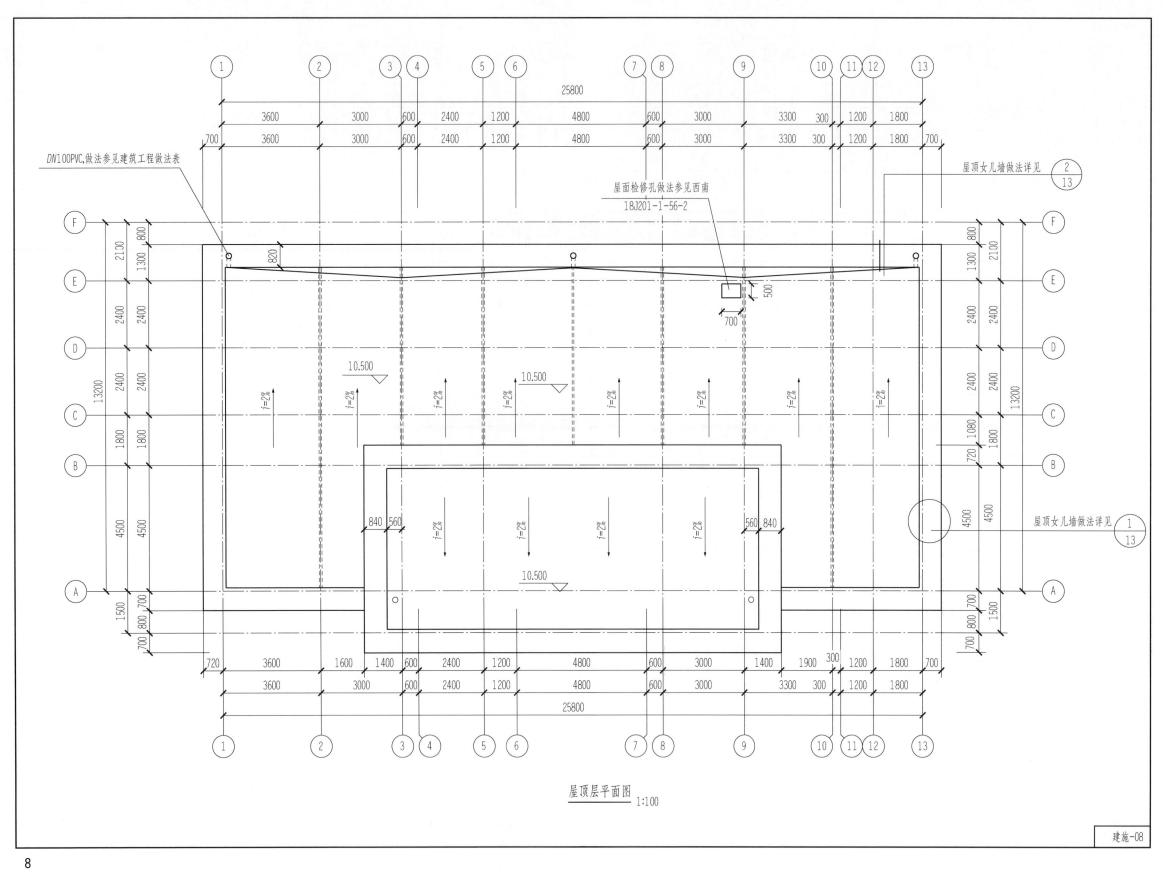

DN100PVC,做法参见建筑工程做法表

屋面检修孔做法参见西南
18J201-1-56-2

屋顶女儿墙做法详见 2/13

屋顶女儿墙做法详见 1/13

10.500

10.500

10.500

i=2%

25800

3600　3000　600　2400　1200　4800　600　3000　3300　300　1200　1800

700　3600　3000　600　2400　1200　4800　600　3000　3300　300　1200　1800　700

720　3600　1600　1400　600　2400　1200　4800　600　3000　1400　1900　300　1200　1800　700

3600　3000　600　2400　1200　4800　600　3000　3300　300　1200　1800

25800

屋顶层平面图 1:100

建施-08

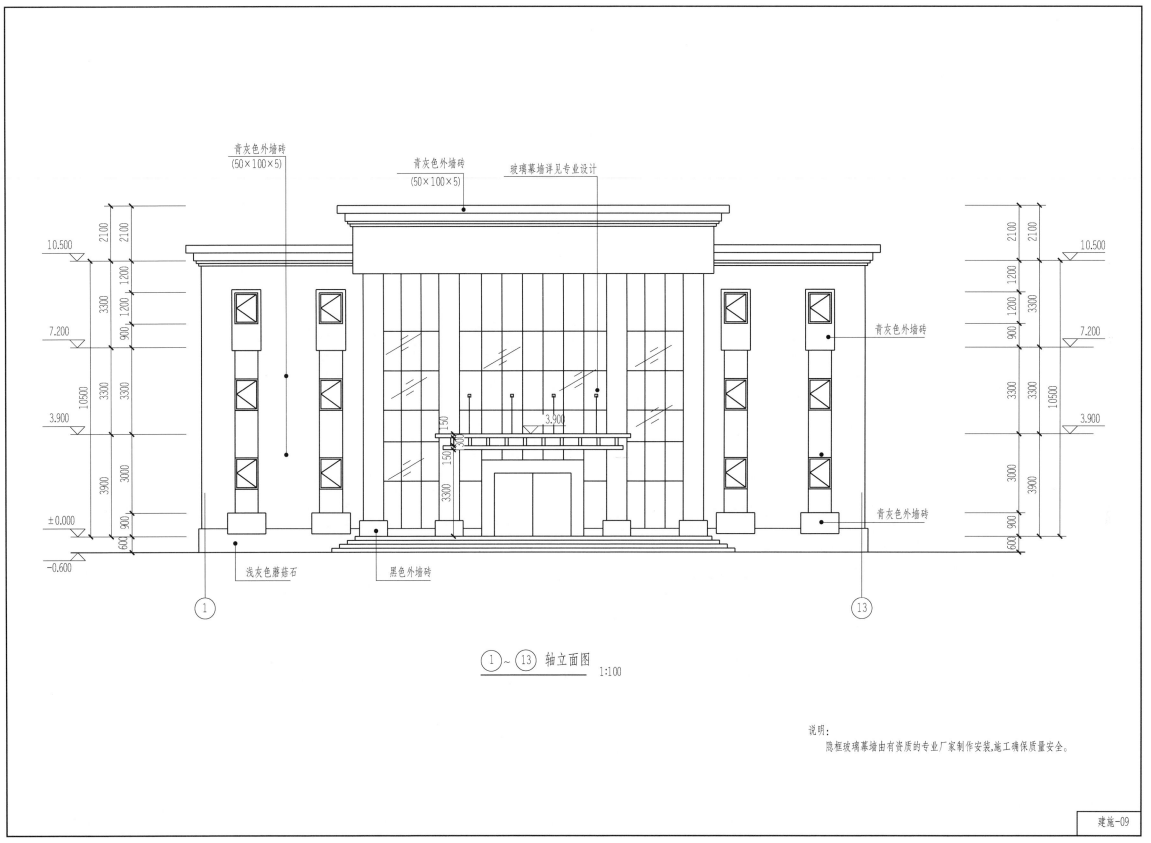

青灰色外墙砖
(50×100×5)

青灰色外墙砖
(50×100×5)

玻璃幕墙详见专业设计

10.500

7.200

3.900

±0.000

-0.600

2100

3300

10500

3900

600

2100

1200

900

3000

900

青灰色外墙砖

青灰色外墙砖

3.900

3300

1150

150

300

浅灰色蘑菇石

黑色外墙砖

10.500

7.200

3.900

2100

3300

10500

3900

600

2100

1200

900

3300

3300

3000

900

①

⑬

① ~ ⑬ 轴立面图 1:100

说明:
隐框玻璃幕墙由有资质的专业厂家制作安装,施工确保质量安全。

建施-09

9

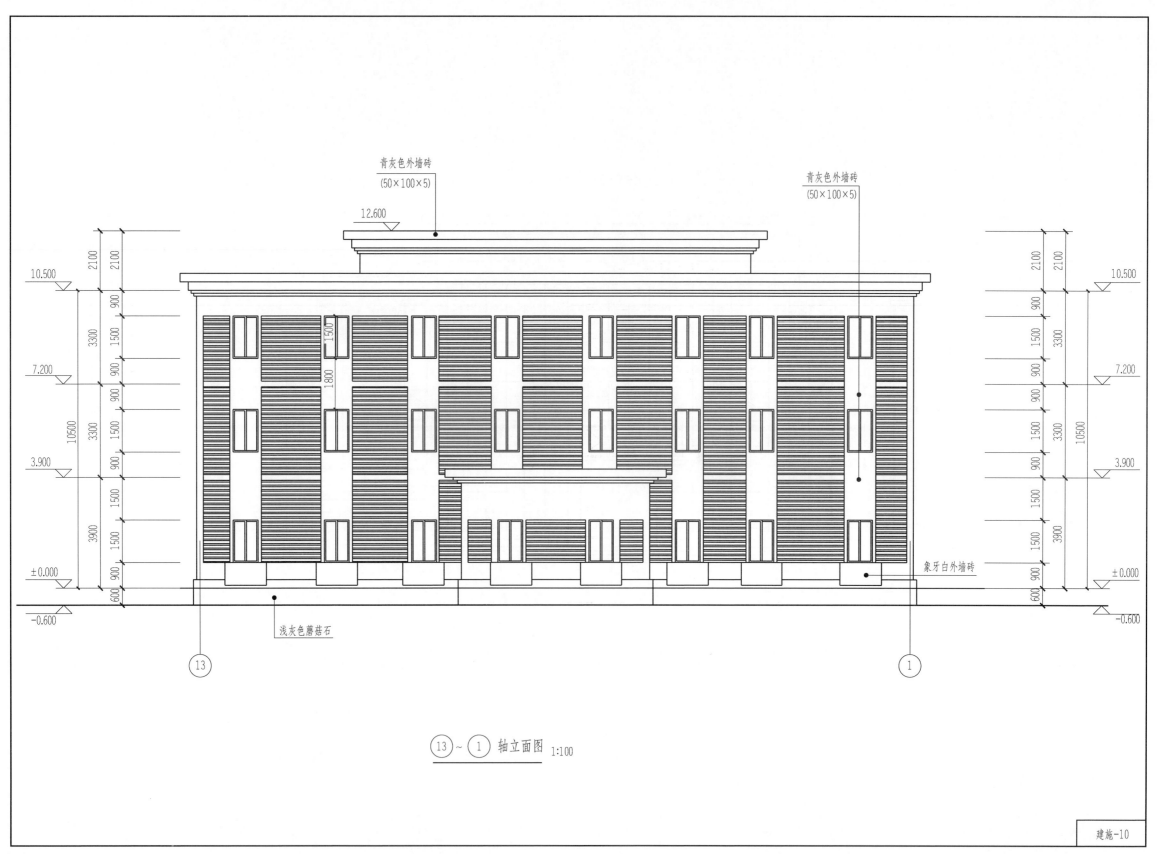

青灰色外墙砖
(50×100×5)

青灰色外墙砖
(50×100×5)

12.600

10.500

7.200

3.900

±0.000

-0.600

象牙白外墙砖

浅灰色蘑菇石

⑬ ~ ① 轴立面图 1:100

建施-10

10

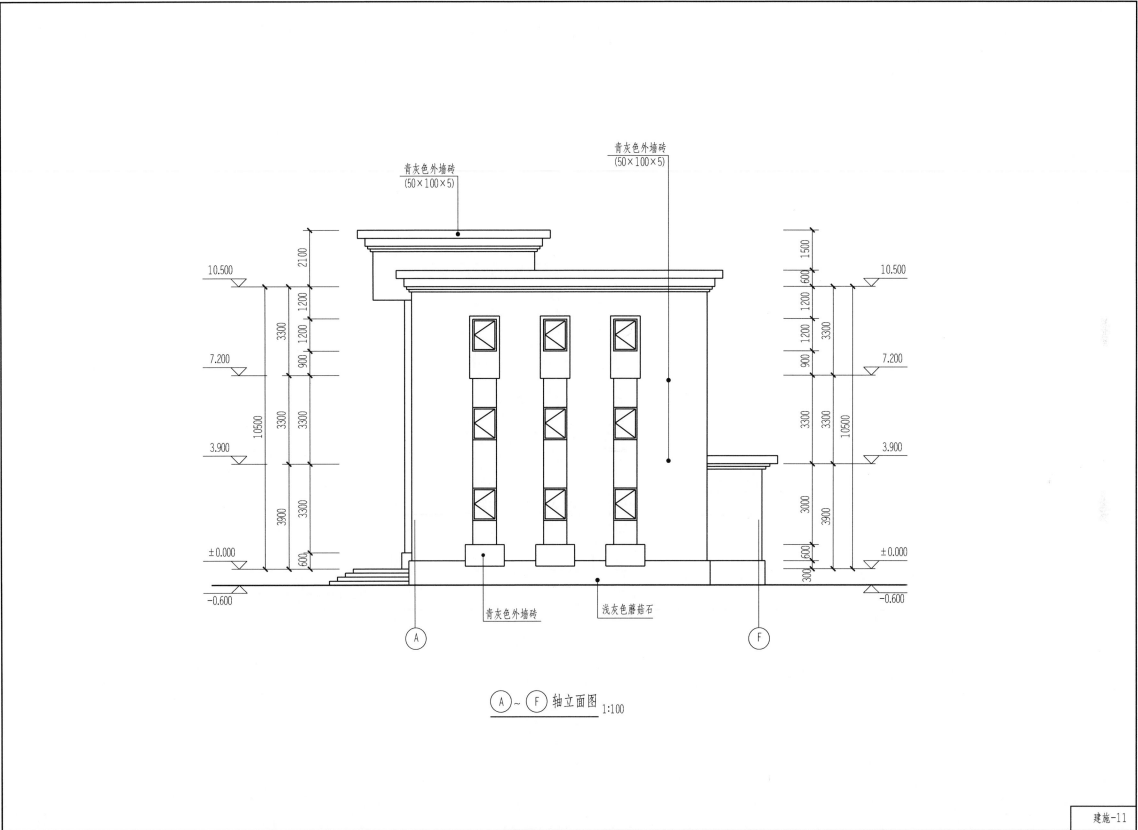

青灰色外墙砖
(50×100×5)

青灰色外墙砖
(50×100×5)

10.500

7.200

3.900

±0.000

−0.600

2100
3300
1200
900
3300
3300
3300
3900
3300
600
10500

10.500

7.200

3.900

±0.000

−0.600

1500
600
1200
900
3300
3300
3000
600
300
10500

青灰色外墙砖

浅灰色蘑菇石

A

F

A ~ F 轴立面图 1:100

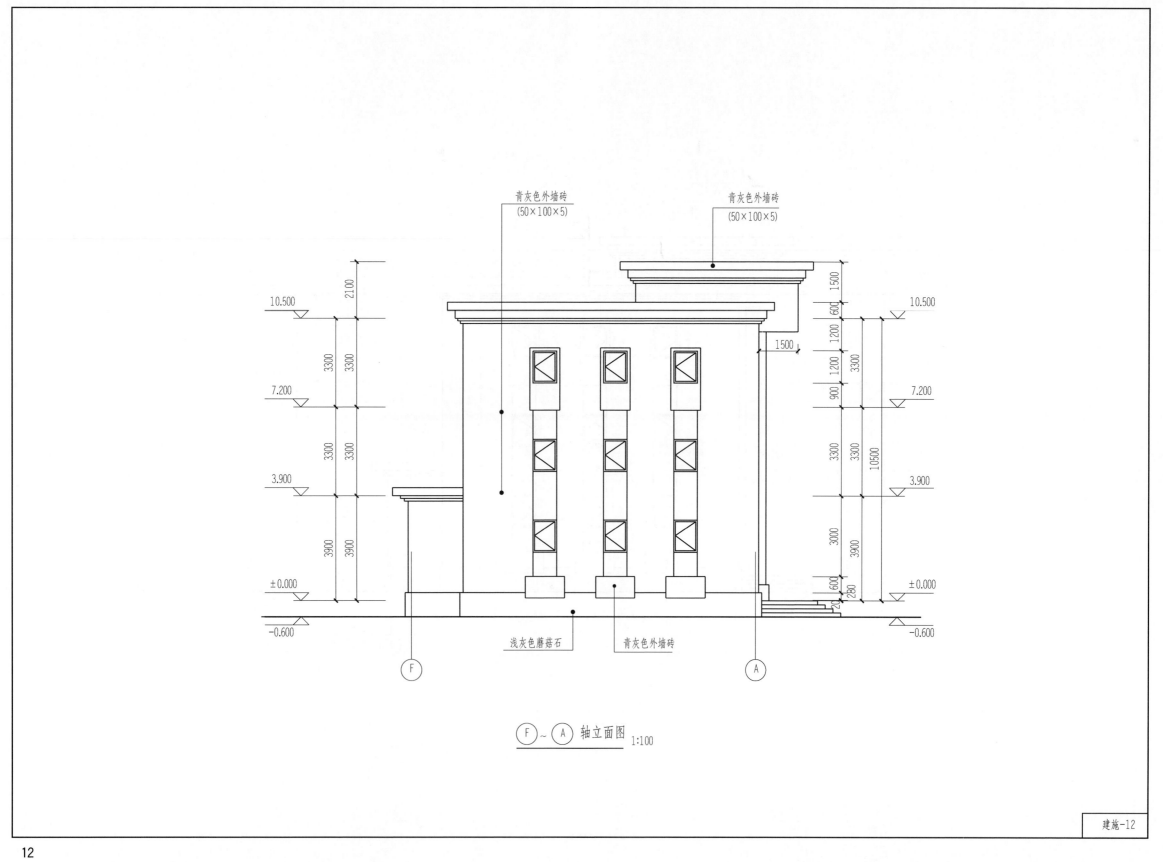

青灰色外墙砖
(50×100×5)

青灰色外墙砖
(50×100×5)

10.500

7.200

3.900

±0.000

−0.600

2100

3300

3300

3900

3300

3300

3900

1500

1500

600

1200

900

1200

3300

3300

3000

600

280

120

10500

3900

10.500

7.200

3.900

±0.000

−0.600

浅灰色蘑菇石   青灰色外墙砖

F   A

F ～ A 轴立面图 1:100

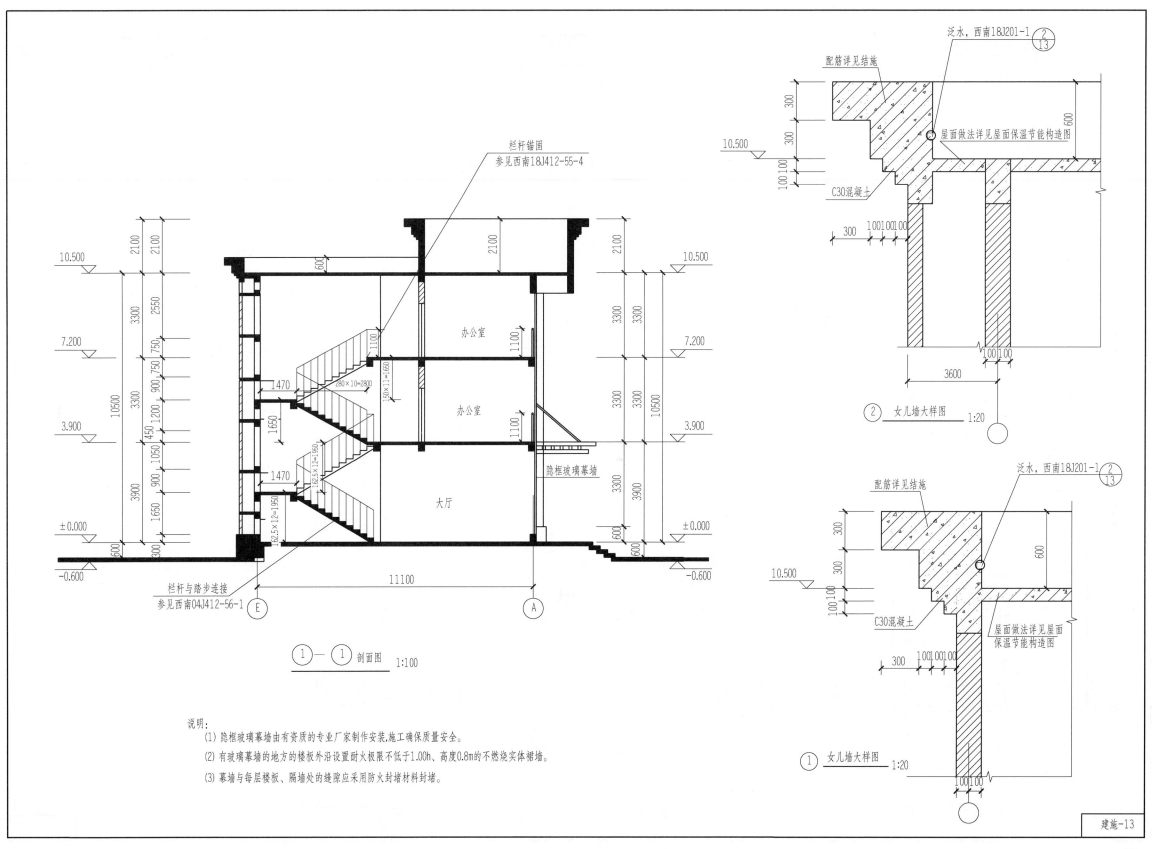

栏杆锚固
参见西南18J412-55-4

泛水,西南18J201-1 ②/13

配筋详见结施

10.500

300
300
100 100

C30混凝土

屋面做法详见屋面保温节能构造图

300 | 100|100|100

10.500

3600

② 女儿墙大样图 1:20

2100
2100

600

2100

办公室

1100

10.500

10.500

3300
3300
2550

280×10=2800

3300
3300

7.200

7.200

150×11=1650

1470

1100

办公室

1650

10500

3300
900 750 1200 450 1050

1650

162.5×12=1950

3.900

大厅

1470

3300
3300

3.900

3900
900 1050 1650

162.5×12=1950

隐框玻璃幕墙

3900

±0.000

±0.000

600
300

600
300

-0.600

11100

-0.600

栏杆与踏步连接
参见西南04J412-56-1

E

A

① — ① 剖面图 1:100

泛水,西南18J201-1 ②/13

配筋详见结施

10.500

300
300
100 100

C30混凝土

屋面做法详见屋面保温节能构造图

300 | 100|100|100

600

① 女儿墙大样图 1:20

100|100

说明:
(1) 隐框玻璃幕墙由有资质的专业厂家制作安装,施工确保质量安全。
(2) 有玻璃幕墙的地方的楼板外沿设置耐火极限不低于1.00h、高度0.8m的不燃烧实体裙墙。
(3) 幕墙与每层楼板、隔墙处的缝隙应采用防火封堵材料封堵。

建施-13

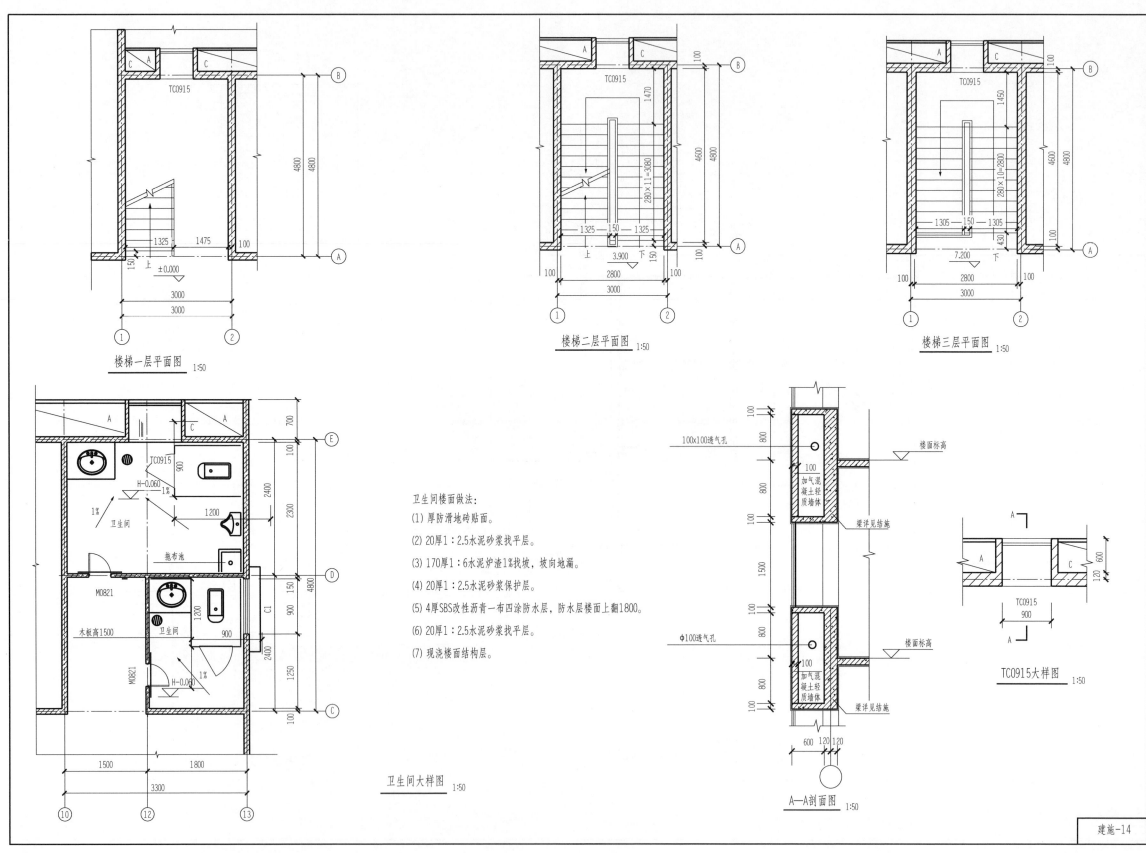

楼梯一层平面图 1:50

TC0915

4800
4800

3000
3000

1325 1475 100

上
±0.000

150

① ②

楼梯二层平面图 1:50

TC0915

1470

280×11=3080

4600
4800

100

100

100

1325 150 1325
2800

100

上 3.900 下 150

① ②

楼梯三层平面图 1:50

TC0915

1450

280×10=2800

4600
4800

100

100

100

430

1305 150 1305
7.200

100 2800 100
3000

① ②

卫生间大样图 1:50

700

100

2400

2300

TC0915

900

H-0.060 1%

1%
卫生间

1200

拖布池

M0821

C1

木板高1500

900

卫生间

1200

M0821

H-0.060

1%

100

150

900

2400

1250

4800

100

1500 1800
3300

⑩ ⑫ ⑬

卫生间楼面做法：
(1) 厚防滑地砖贴面。
(2) 20厚1:2.5水泥砂浆找平层。
(3) 170厚1:6水泥炉渣1%找坡，坡向地漏。
(4) 20厚1:2.5水泥砂浆保护层。
(5) 4厚SBS改性沥青一布四涂防水层，防水层楼面上翻1800。
(6) 20厚1:2.5水泥砂浆找平层。
(7) 现浇楼面结构层。

A—A剖面图 1:50

100×100透气孔

楼面标高

100
加气混凝土轻质墙体

梁详见结施

φ100透气孔

楼面标高

100
加气混凝土轻质墙体

梁详见结施

600 120 120

100
800
100
800
100
1500
100
800
100
800
100

TC0915大样图 1:50

A
A
A
C

TC0915
900

600
120

建施-14

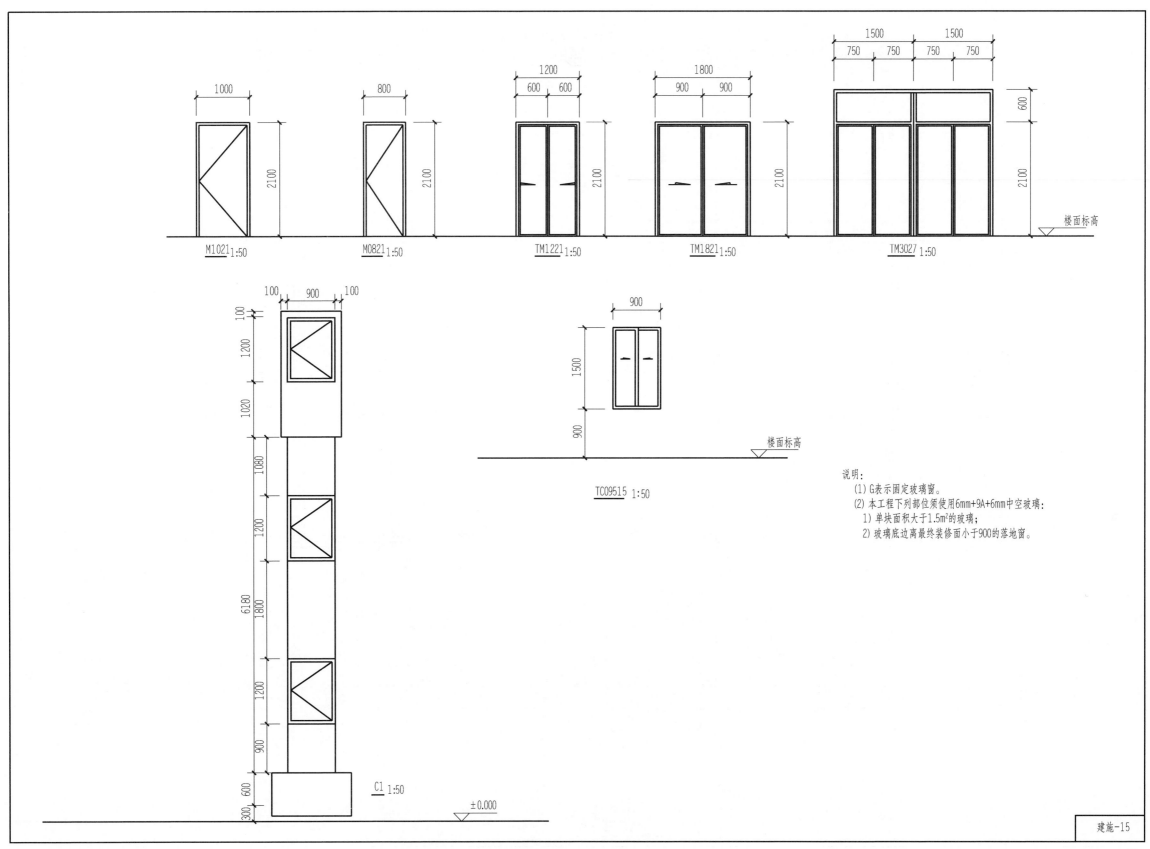

1000

800

1200
600 600

1800
900 900

1500 1500
750 750 750 750

600

2100 2100 2100 2100 2100

楼面标高

M1021 1:50   M0821 1:50   TM1221 1:50   TM1821 1:50   TM3027 1:50

100 900 100

100

1200

1020

1080

6180 1800

1200

900

600

300

C1 1:50

900

1500

900

楼面标高

TC09515 1:50

说明:
(1) G表示固定玻璃窗。
(2) 本工程下列部位须使用6mm+9A+6mm中空玻璃:
　　1) 单块面积大于1.5m²的玻璃;
　　2) 玻璃底边离最终装修面小于900的落地窗。

±0.000

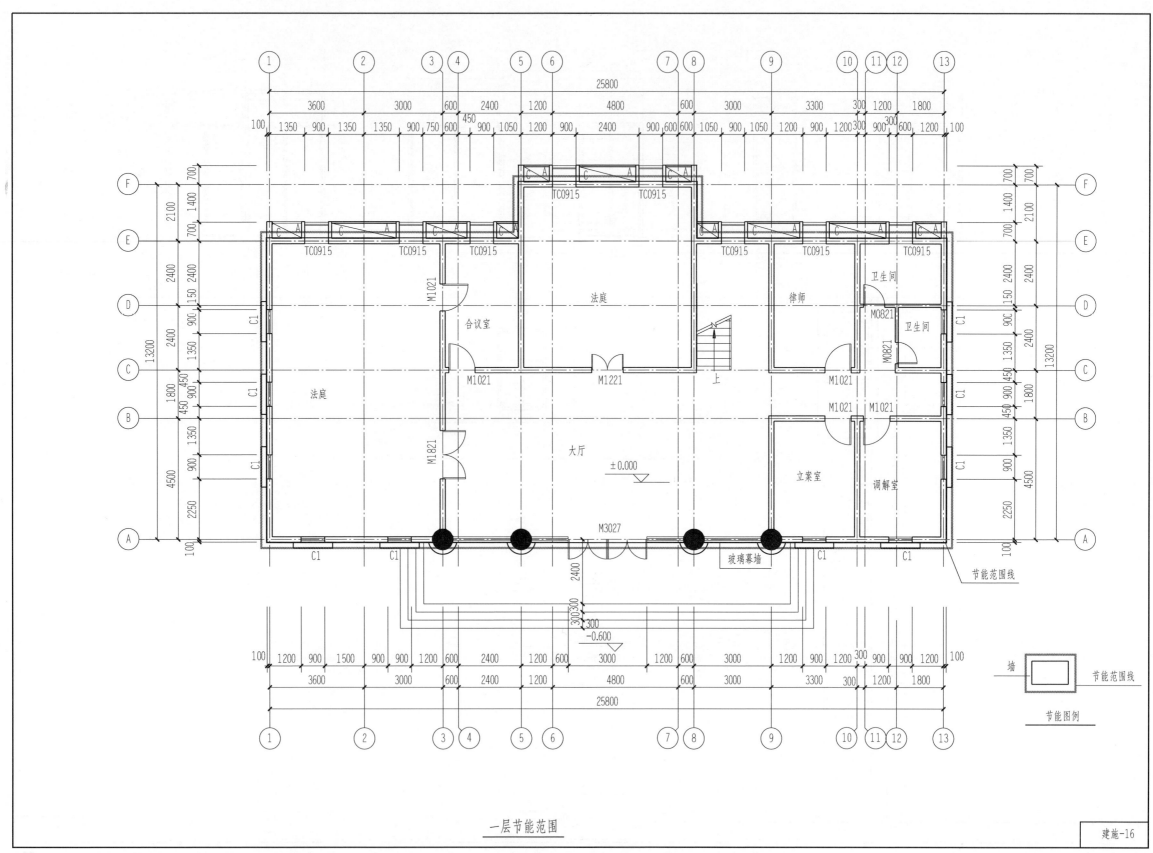

一层节能范围

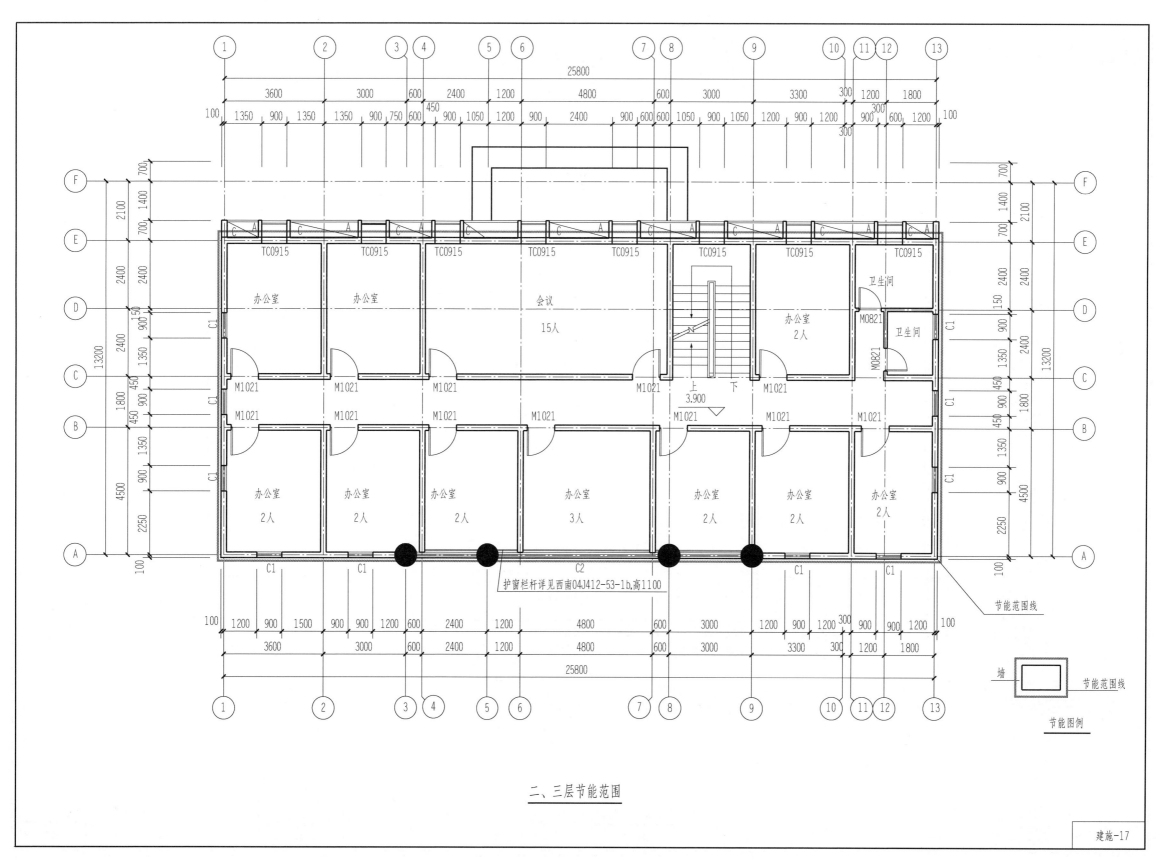

二、三层节能范围

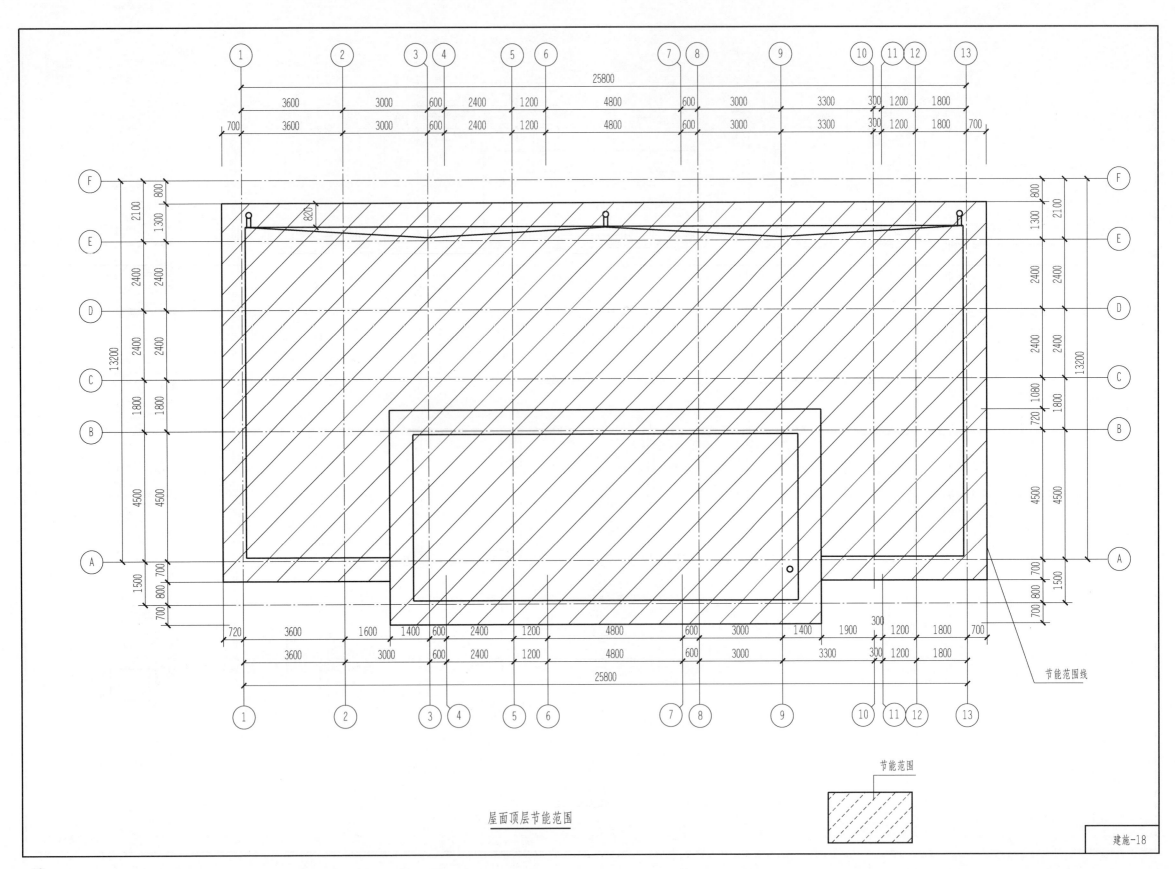

屋面顶层节能范围

节能范围线

节能范围

建施-18

一、设计依据
(1)国家颁发的结构设计现行有关规范、规程、规定。
(2)建设单位有关批准文件。
(3)本工程结构的设计使用年限为50年。
(4)未经技术鉴定或设计许可,不得改变结构的用途和使用环境。

二、自然条件
(1)地震烈度:本工程为6度抗震设防地区,抗震设防类别为丙类。
(2)建筑场地类别:Ⅱ类。
(3)风荷载:本工程基本风压为0.40kN/m²,地面粗糙度为B类。

三、工程概况
(1)本工程建筑结构安全等级为二级,地基基础设计等级为丙级。
(2)本工程结构类型主体为钢筋混凝土框架结构,框架抗震等级为三级抗震。
(3)该工程共3层,总高度为11.100m。
(4)环境类别:结构与水、土壤直接接触的部位为二a类,其余为一类。

四、使用荷载标准值

办公室	2.0 kN/m²	会议室	2.0 kN/m²
楼梯	2.5 kN/m²	走廊	2.5 kN/m²
卫生间	2.5 kN/m²	案卷存放室	5.0 kN/m²
上人屋面	2.0 kN/m²	不上人屋面	0.5 kN/m²

其余按《建筑结构荷载规范》(GB 50009—2012)规定采用。施工中及投入使用后
均不得超出上述荷载限值。

五、主要结构材料
1.混凝土(除图中注明外)
(1)基础垫层:C15。
(2)桩基础:C25。
(3)柱:C30。
(4)梁、板及楼梯:C30。
(5)构造柱、过梁:C30。
2.钢材
(1)钢筋:φ—HPB300级钢筋、Φ—HRB335级钢筋
Φ—HRB400级钢筋

框架梁柱的纵向受力钢筋应进行检验,对于一、二级框架其抗拉强度
实测值与屈服强度实测值的比值不应小于1.25;钢筋屈服强度实测
值与强度标准值的比值不应大于1.3且钢筋在最大拉力下的总伸率实
测值不应小于9%。
各种预制构件的吊环和吊挂重物的吊钩均应采用未经冷加工的
HPB300级钢筋制作。
(2)焊条:E43型用于Q235钢及HPB300级钢筋间焊接;
E50型用于HRB335级钢间的焊接;
E55型用于HRB400级钢间的焊接。
(3)钢板、型钢:Q235。
3.填充墙
±0.000以下采用页岩实心砖(MU10),用M5.0水泥砂浆砌筑;
±0.000以上采用MU5.0页岩空心砖砌筑,容重≥8.0kN/m³,
用于外框架填充墙的烧结页岩空心砖,其壁厚度≥25mm,容重不大于9kN/m³,
均用M5.0混合砂浆砌筑,墙厚详见建施图。
填充墙砌体结构施工质量控制等级为B级。
六、构造及施工要求

1.受力钢筋净保护层厚度
除图中注明外,按下列要求取用:
基础、地基梁:40mm;
梁:30mm;
柱:30mm;
构造柱:25mm;
板:20mm;
箍筋保护层:15mm;
分布钢筋保护层:10mm。
2.钢筋的锚固和接头
锚固、搭接长度l_{aE}、l_{IE}22G101—1第53、55页
(1)钢筋锚固:
1)板底部钢筋应伸至支座中心线,并大于10d和100mm。当为HPB300
级钢筋时,端部加弯钩;当为HRB400级钢筋及冷轧带肋钢筋时,端部
不加弯钩;当为屋盖现浇混凝土板采用冷轧带肋钢筋时,在任何情
况下,纵向受拉钢筋的锚固长度不应小于200mm。
2)板的边支座负筋伸入支座未注明时,一般应伸入至梁外皮留保护层
厚度,锚固长度为l_a,直钩长度同另一端,如不能满足要求,直
钩长度应加长至满足锚固要求;
3)框架梁、柱纵向钢筋锚固见22G101—1图集相应抗震等级框架;
4)次梁上部钢筋最小锚固长度为l_a。下部钢筋伸入支座内长度
HPB300级钢为15d,HRB335、HRB400级钢为12d;
5)纵向受力钢筋的抗震锚固长度l_a、l_{aE}见22G101—1图集第53页。
(2)钢筋接头
1)框架柱的纵向钢筋采用对焊接头,其连接构造见图集22G101—1
中相应抗震等级的框架柱构造。
2)框架梁的通长筋与下部纵向钢筋接头,应优先采用对焊接头,其
次采用双面贴角焊接头,有条件时采用机械接头。
3)跨度小于12m的梁的底部纵向钢筋接头位置应在支座或支座两侧的
1/3跨度范围内,且宜避开梁端箍筋加密区。当无法避开时,应采
用高质量机械连接接头,且钢筋接头面积的百分率不应大于50%。
不应在跨中的1/3跨度范围内接头;梁的上部钢筋可选择在跨中
1/3范围内接头,但不应在支座处接头。大于12m梁的底部纵
筋若在跨中1/3处接头时,应采用机械接头。
4)受力钢筋的接头位置应相互错开,当采用非焊接的搭接接头时,在1.3
倍的搭接长度的任一区段内和当采用焊接接头时在焊接接头处的
35d且不小于500区段内,同一根钢筋不得有两个接头。
5)受力钢筋在同一搭接长度内接头截面面积占总截面面积的百分率应
符合下表的规定:

接头形式	受拉区	受压区
绑扎搭接接头	25	50
焊接接头	50	不限

6)受拉区搭接长度的要求为:
搭25%则l_{IE}=1.2l_{aE};搭50%则l_{IE}=1.4l_{aE};搭100%则l_{IE}=1.6l_{aE}。
7)受拉钢筋接头当采用机械接头时,接头质量及验收应符合下列规程要求:
(对直径≥22的粗钢筋宜优先采用机械连接)且连接质量等级应不低于Ⅱ级。
钢筋机械连接通用技术规程 JGJ 107—2016。
8)纵筋搭接范围内箍筋间距不大于5d(d为纵筋直径),并不大于100mm。
3.地基基础
(1)本工程采用的基础形式及基础持力层详见基础施工图。

(2)基坑开挖时,应采取降水、排水及基坑支护措施,防止地表水进入基坑,
保证基坑施工安全,并防止对周边建筑物、道路或城市地下管线的不利影响。
(3)采取机械开挖时,应保护坑底土不受扰动,并在基底设计标高以上保留300mm
厚原状土采用人工挖除,基坑不得积水,验收合格后应立即施工基础垫层。
(4)基础上插筋的直径、数量、级别和位置应与柱、墙详图仔细核对并固定,
经验收合格后方可浇混凝土。
(5)基础施工时若发现地基实际情况与设计要求不符时,请及时通知有关单
位,共同研究处理。
(6)基槽及地坪下回填土质量要求:采用砂性土回填,必须分层夯实,每层
厚度为300mm,当填土厚度不大于2m时,其压实系数不得小于0.94,
当回填土的厚度≥2m时,压实系数不得小于0.96。
(7)基础现浇时,若原槽浇筑应采取措施保证不跑浆、不掉土。
(8)轻质隔墙下基础详见结施—02中图一。
4.钢筋混凝土现浇板
(1)钢筋混凝土现浇板的底部钢筋,短跨钢筋放下排,长跨钢筋放上排,并
尽可能沿板跨方向通长设置;板面钢筋在角部相交时,短跨钢筋放上排,
长跨钢筋放下排。
(2)当板底与梁底齐平时,板的下部钢筋伸入梁内b h,并置于梁下部钢筋之上。
(3)楼面板、屋面板开洞处,当洞口短边b(直径φ)小于或等于300时,钢筋可绕过、
不截断;当300<b(φ)≤700时,板底、板面分别按结施—02中图二设置①号加强
钢筋,每侧加强钢筋面积不小于同方向被截断钢筋面积的一半,且不小于
以下数值:板厚h≤120时,2Φ12。
(4)需封堵的管井,板内的钢筋不断,待管道安装完毕后再用提高5MPa强度
等级的混凝土浇筑。
(5)当板短向≥4m时,模板应起拱板跨度的千分之2.5。
(6)现浇板分布筋均采用φ6.5@250。
(7)浇捣楼、屋面混凝土时,应支设临时马道,以保证板面钢筋的准确位置,
严禁踩塌负钢筋。
(8)填充墙下无梁时,应按本图大样所示在板底增设通长钢筋。

5.梁
(1)梁箍筋采用封闭箍,构造详见22G101—1图集相应抗震等级的规定。
(2)当梁与柱墙外皮齐平时,梁外侧的纵向钢筋应稍作弯折,置于柱墙主筋内
侧,并在弯折处增设二道箍筋。
(3)框架梁的构造腰筋应将两端锚入柱内或墙内l_a,抗扭腰筋两端应锚
入柱内或墙内l_{aE}。
(4)当梁净跨大于5m时,模板应起拱跨度的千分之2.5;悬挑梁悬臂端大于
2m时,模板应起拱千分之3。
(5)当梁高<800时,吊筋的弯起角度为45°,当梁高>800时,为60°。
(6)除图中特别注明外,梁侧面纵向构造筋按下表规定设置;梁侧面纵向
抗扭纵筋具体见施工图标注。

(mm)

梁宽\梁高	550	600	650	700	750	800	850	900	1000
200	4Φ10	4Φ10	4Φ10	4Φ10	6Φ10	6Φ10	6Φ10	6Φ10	8Φ10
250	4Φ10	4Φ10	4Φ10	4Φ10	6Φ10	6Φ10	6Φ10	6Φ10	8Φ10
300	4Φ10	4Φ10	4Φ12	4Φ12	6Φ12	6Φ12	6Φ12	6Φ12	8Φ12
350	4Φ12	4Φ12	4Φ12	4Φ12	6Φ12	6Φ12	6Φ12	6Φ12	8Φ12
400	4Φ12	4Φ12	4Φ12	4Φ14	6Φ12	6Φ12	6Φ12	6Φ12	8Φ12

结施—01

6.柱
(1)柱箍筋采用封闭箍,构造详见22G101-1图集相应抗震等级的规定。
(2)凡框架柱、混凝土墙与现浇过梁、填充墙中钢筋混凝土带连接处均应按建筑图中墙的位置及相应图纸梁的详图及做法说明施工,填充墙部位则在混凝土柱上植筋2Φ6.5@600,伸出柱外皮长度 50d,且不小于墙长的1/5和700mm,植入柱内 10d。
7.钢结构
(1)钢结构的除锈与刷漆应在制作质量检验合格后进行,所有钢构件均必须采取机械喷砂除锈,并涂刷二道防锈底漆及二道防锈面漆,油漆面色及品种详见建施图。涂层总厚度不小于100µm。
(2)钢结构的表面应采用防火涂层,其厚度应达到一级耐火等级要求。
8.填充墙
填充墙的砌筑按图集《框架轻质填充墙构造图集》西南15G701(四)执行,并满足下列要求:
(1)构造柱设置原则:
内隔墙的下列部位应设置构造柱,其构造详见西南15G701(四)第30页。
1)内隔墙转角处;
2)相邻隔墙或框架柱的间距大于5m时,墙段内增设构造柱,间距应≤3m;
3)门洞≥3m的洞口两侧;
4)悬墙端部。
围护墙的下列部位应设置构造柱,其构造详见西南15G701(四)第30页。
1)内外墙交接处,外墙转角处;
2)相邻隔墙或框架柱的间距大于4m时,墙段内增设构造柱,间距应≤2.5m;
3)窗洞 ≥3m的窗下墙中部及窗洞口两侧。
女儿墙中构造柱的设置原则详见西南15G701(四)第37页。
阳台栏板上构造柱的设置原则详见西南15G701(四)第36页。
(2)高度≥4m的填充墙,半层高处或门、窗上口应设置通长卧梁,梁截面为墙厚×120mm,纵筋4Φ10,箍筋Φ6@200,卧梁钢筋锚入两端柱内。
(3)填充墙转角处水平拉结措施详见西南15G701(四)第29页。
(4)填充墙与框架柱连接构造详见西南15G701(四)第31~33页。
(5)填充墙与梁板连接措施详见西南15G701(四)第34页。
(6)门、窗洞过梁,当其跨度<2.1m时按西南15G701(四)第27页的过梁配筋表选用;当门窗洞宽≥2.1m时,按下表采用。

门窗洞宽 (Ln)	梁长 (L)	梁宽 (B)	梁高 (H)	上部筋	下部筋	箍筋
2100~2700	Ln+250×2	墙厚	190	2Φ12	2Φ14	Φ8@150
2700~3300	Ln+250×2	墙厚	240	2Φ12	2Φ16	Φ8@150
3300~3900	Ln+250×2	墙厚	290	2Φ14	3Φ16	Φ8@150
3900~4500	Ln+250×2	墙厚	340	2Φ14	4Φ16	Φ8@150
4500~5100	Ln+250×2	墙厚	400	2Φ16	4Φ16	Φ8@150

9.膨胀加强带
膨胀加强带的设置位置及施工要求详见有关平面图中说明。

七.其他
(1)本设计结构施工图采用平面整体表示方法,除本说明特别指出外,构造详见国家建筑标准设计图集22G101-1《混凝土结构施工图平面整体表示方法制图规则和构造详图》。
(2)用于本工程的所有材料须满足现行国家标准的要求。
(3)施工单位必须严格按图施工,若有修改必须经原结构设计人签字同意,施工中若发现问题应及时通知设计院。
(4)土建施工前,必须与各工种图纸校对,如有矛盾及时通知设计人员,以便协商解决。
(5)土建施工前,应与设备施工单位密切配合,做好预留孔洞、预埋件及预埋管线布置。
(6)主体结构施工时应配合建筑图纸预埋楼梯栏杆连接件,预埋墙的构造柱插筋以及窗台卧梁与钢筋混凝土柱的连接钢筋,屋面结构施工时按建施图纸预埋女儿墙的构造柱插筋。
(7)装饰构件应与主体结构采取可靠的连接措施,且事先预埋预留,具体措施与二次安装单位配合后确定。
(8)应严格按业主提供的电梯订货样本图核对电梯井尺寸,并按图预埋埋件、预留孔洞及门牛腿。
(9)防雷要求的埋件须与柱及基础内的钢筋连通且不少于两根,具体位置详见电施图。
(10)悬挑构件的模板支撑必须有足够的刚度,牢固可靠,且必须待构件混凝土强度达到100%后方许拆模,施工时不得在其上堆放重物。
(11)施工中采用的商品混凝土,应与搅拌站配合好配比工作,并且施工中应对混凝土加强振捣养护、保湿,以免失水引起干裂。
(12)应采取有效措施确保泵送混凝土浇筑时板不超厚。
(13)梁、柱节点区混凝土务必仔细振捣密实,当节点区混凝土因钢筋过密,浇筑混凝土有困难时,可采用等强度的细石混凝土浇捣(事先作好配比,且须有试块试压报告)。
(14)幕墙(玻璃、铝合金、花岗石)部位的梁柱均应配合幕墙装饰图设置预埋体与梁柱混凝土一起整体浇筑,不得事后补钻。
(15)隐蔽工程记录必须完备、真实、可靠、准确。
(16)本工程尺寸以毫米计,标高以米计。
(17)除按本设计图说施工外,尚应遵照国家现行施工验收规范、规程和规定施工。
(18)当梁柱或梁板混凝土强度等级相差 ≥5MPa时,应按图示设置施工缝,以保证梁柱节点核心区的混凝土强度等级。
(19)结构标高相对于建筑标高降低30mm。

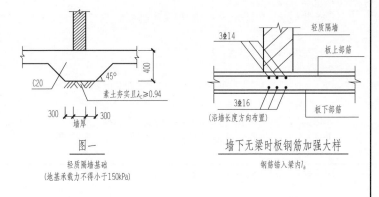

图一
轻质隔墙基础
(地基承载力不得小于150kPa)

墙下无梁时板钢筋加强大样
(沿墙长度方向布置)
钢筋锚入梁内lₐ

序号	规范编号	规范名称	备注
1	GB 50068—2018	建筑结构可靠度设计统一标准	国标
2	GB 50009—2012	建筑结构荷载规范	国标
3	GB 50223—2008	建筑工程抗震设防分类标准	国标
4	GB 50011—2010	建筑抗震设计规范	国标
5	GB 50010—2010	混凝土结构设计规范	国标
6	JGJ 94—2008	建筑桩基技术规范	国标

序号	图集代号	图集名称	备注
1	22G101-1	混凝土结构施工图平面整体表示方法制图规则和构造详图(现浇混凝土框架、剪力墙、梁、板)	国标
2	西南15G701(四)	框架轻质填充墙构造图集	西南标
3	13G322-2	钢筋混凝土过梁	国标
4	11G329(一)	建筑物抗震构造详图	国标

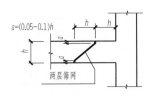

a=(0.05~0.1)h

两层筋网

梁柱混凝土强度等级不同时大样

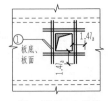

板底、板面

图二 板洞口加强筋

结施-02

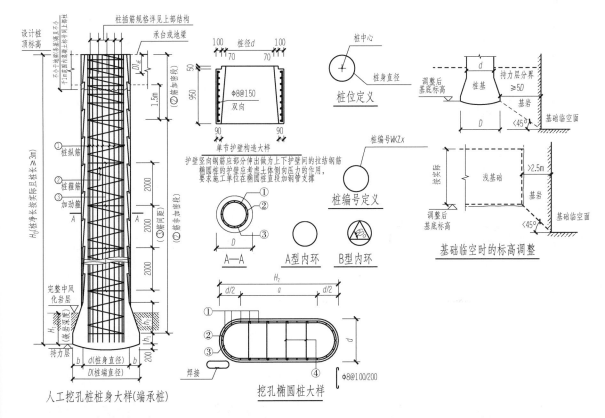

桩插筋规格详见上部结构

承台或地梁

桩纵筋

桩箍筋

加密箍

设计桩顶标高

完整中风化岩层

持力层

d(桩身直径)

D(桩端直径)

人工挖孔桩桩身大样(端承桩)

1.扩底端侧面的斜率可根据现场桩开挖后的实际情况按1/4~1/2由施工单位会同监理、建设方自行确定。

2.桩孔开挖成孔后必须及时经设计、地勘、监理、建设方验槽确认满足地基承载力要求方可浇筑混凝土垫层及封底。

Φ8@150 双向

单节护壁构造大样

护壁竖向钢筋应部分伸出做为上下护壁间的拉结钢筋 椭圆形的护壁应考虑土体侧向压力的作用 要求施工单位在在椭圆短直段加钢管支撑。

桩位定义

桩中心

桩身直径

A—A

A型内环

B型内环

桩编号WKZx

桩编号定义

调整后基底标高

持力层分界

基岩

基础临空面

调整后基底标高

浅基础

基岩

基础临空面

基础临空时的标高调整

Φ8@100/200

焊接

挖孔椭圆桩大样

某法院办公楼基础设计总说明:

(1)根据《某人民法院第一人民法庭办公楼工程岩土地质勘察报告》,桩端持力层为砂岩,岩石天然单轴抗压强度标准值f$_{rk}$=5.6MPa,桩端嵌入该岩层深度详见桩表。人工挖孔桩的最小埋深为3m,相邻桩的底部连线净距离与其水平线夹角≤45°。

(2)本工程地基基础设计等级为丙级,场地类别为Ⅱ类,结构桩基设计等级为丙级。本工程基础采用人工挖孔灌注桩(墩)基础。

(3)桩(墩)孔开挖前应采取措施防止地表水流入基坑内;桩(墩)孔必须采用人工开挖,不得爆破作业,以使持力层岩石尽量少受扰动,保证原岩的完整性。

(4)桩(墩)施工时施工单位应根据现场实际工程地质情况,采用钢筋混凝土桩护壁,或其他安全措施。当相临桩(墩)心距离小于2.5倍桩径或桩间净距小于3.0m时,应跳槽开挖。

(5)基础平面布置图中黑圆点表示桩(墩)心。

(6)相邻基础(包括桩基础及浅基础)底部高差的绝对值不得大于其水平净距,当不能满足时,必须调整基础埋深,将浅埋基础的埋深加大直至满足上述要求。当浅基础附近有临空面时基础埋深应加大;桩(墩)基础在其持力层以下3倍桩(墩)端直径范围内不应有临空面,否则也应加大其埋深(见大样图)。

(7)桩(墩)孔挖至设计标高后,必须经各相关单位验收认可并确认桩(墩)底持力层范围内无软弱夹层等不良地质现象后方可终孔,终孔后应及时清理好壁上的松动石块和桩底残渣、积水,在浇筑混凝土之前必须对桩的孔径、孔深、垂直度等进行复查,不合格者应及时处理;合格的应立即采用同桩身强度等级的混凝土封底。

(8)材料强度等级及钢筋保护层厚度:
桩(墩)的混凝土强度等级为C25,未特别注明的垫层为C15,护壁用C25;桩身、基础梁的保护层厚度为40mm。

(9)凡桩(墩),基础梁相碰处一同现浇。

(10)基础梁(DKZL-x)梁内纵筋按受拉要求锚入桩身内,基础梁(DKZL-x)按三级框支梁进行锚固。
基础梁和桩身内纵筋不宜有接头,有接头时应采用焊接或机械连接,同一截面内接头钢筋面积不应超过全部纵向钢筋面积的50%。

(11)本图应配合结构及水、暖、电各专业图施工。防雷接地作法详见电施图。当结构及水、暖、电各专业设置的基坑、管沟(如 集水坑、电缆沟等)与挖孔桩之间净距≤2m时,挖孔桩的入岩深度应从基坑、管沟的底部标高算起。

(12)桩(墩)基础应严格按《建筑桩基技术规范》JGJ 94—2008及《建筑地基基础设计规范重庆》DBJ50-047-2016施工,检测。

(13)施工中发现与地质报告及设计不符的地质现象应及时通知勘察、设计单位。

(14)基础施工完毕后,基坑回填应均匀、对称、分层夯实,每层厚300,密实度0.94。

(15)未尽事宜应按有关规范、规程执行。

(16)桩基础施工时孔内必须设置应急软爬梯供人员上下;使用的电葫芦、吊笼等安全可靠,并配有自动卡紧保险装置,不得使用麻绳和尼龙绳吊挂或脚踏井壁凸缘上下。

(17)每日开工前必须检测井下的有毒、有害气体,并应有足够的安全防范措施。

(18)孔口四周必须设置护栏,护栏高度宜为0.8m。

(19)挖出的土石方应及时运离孔口,不得堆放在孔口周边1m范围内,机动车辆的通行不得对井壁的安全造成影响。

A1栋人工挖孔灌注桩(墩)大样及配筋明细表

桩编号	桩顶标高(m)	桩身直径d(mm)	椭圆桩直线段a(mm)	桩端直径D(mm)	扩底尺寸(mm)	h$_1$(mm)	h$_2$(mm)	嵌岩深度H$_1$(mm)	1号筋	2号筋 加密区	2号筋 非加密区	3号筋	3号筋类型	单桩承载力特征值(kN)
WKZ-1	-0.750	800	0	800	0	300	1000	≥1200	10⏀14	Φ10@100	Φ8@200	⏀14@2000		1407
WKZ-2	-0.750	800	0	1000	100	300	1000	≥1200	10⏀14	Φ10@100	Φ8@200	⏀14@2000		2198

注 桩身实际长度以桩达到持力层并满足嵌岩深度为准。

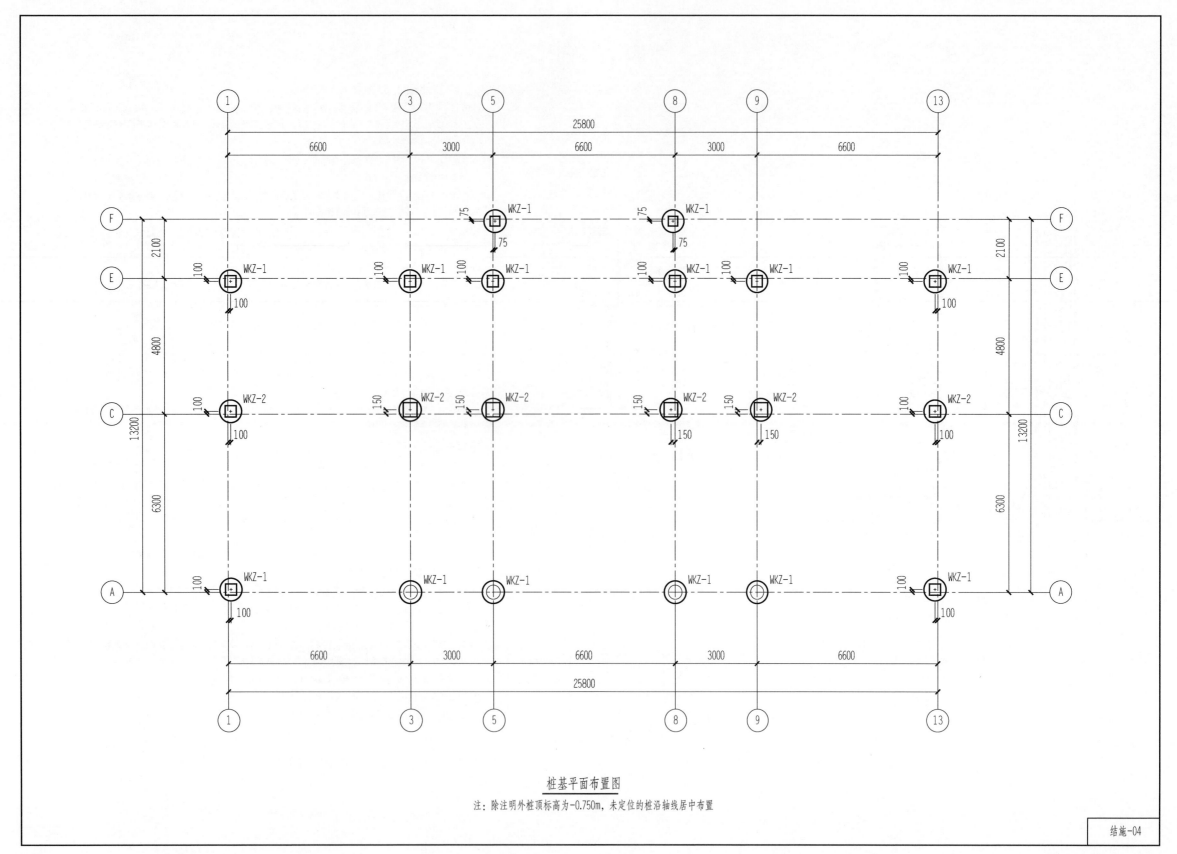

桩基平面布置图

注：除注明外桩顶标高为-0.750m，未定位的桩沿轴线居中布置

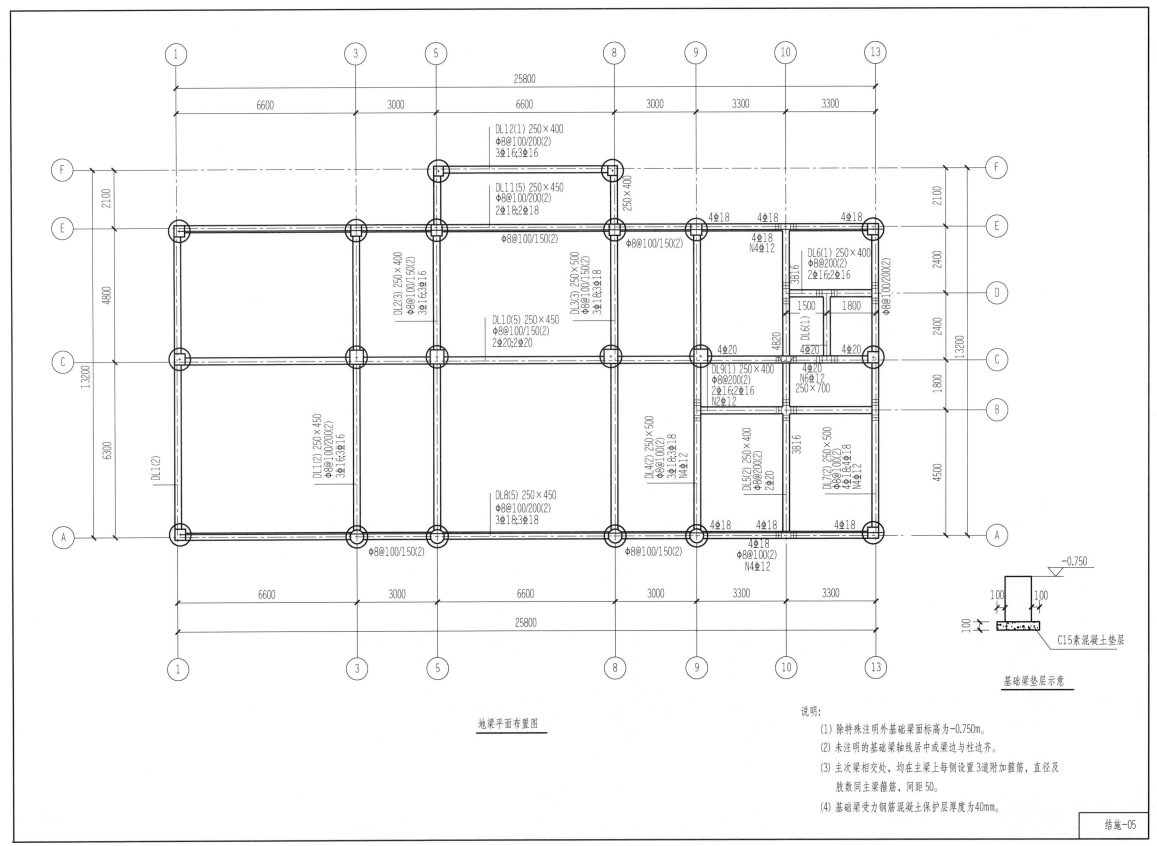

地梁平面布置图

说明:
(1) 除特殊注明外基础梁面标高为-0.750m。
(2) 未注明的基础梁轴线居中或梁边与柱边齐。
(3) 主次梁相交处,均在主梁上每侧设置3道附加箍筋,直径及
肢数同主梁箍筋,间距50。
(4) 基础梁受力钢筋混凝土保护层厚度为40mm。

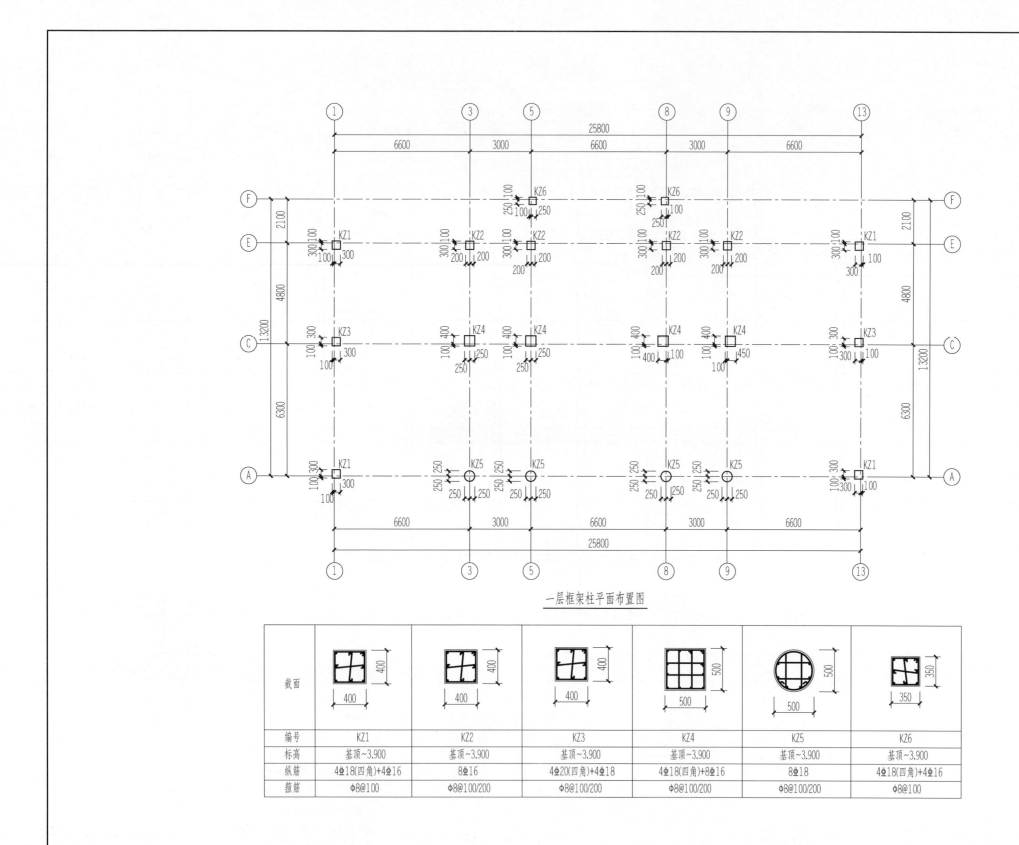

一层框架柱平面布置图

截面	![KZ1 400×400]	![KZ2 400×400]	![KZ3 400×400]	![KZ4 500×500]	![KZ5 500圆]	![KZ6 350×350]
编号	KZ1	KZ2	KZ3	KZ4	KZ5	KZ6
标高	基顶~3.900	基顶~3.900	基顶~3.900	基顶~3.900	基顶~3.900	基顶~3.900
纵筋	4Φ18(四角)+4Φ16	8Φ16	4Φ20(四角)+4Φ18	4Φ18(四角)+8Φ16	8Φ18	4Φ18(四角)+4Φ16
箍筋	Φ8@100	Φ8@100/200	Φ8@100/200	Φ8@100/200	Φ8@100/200	Φ8@100

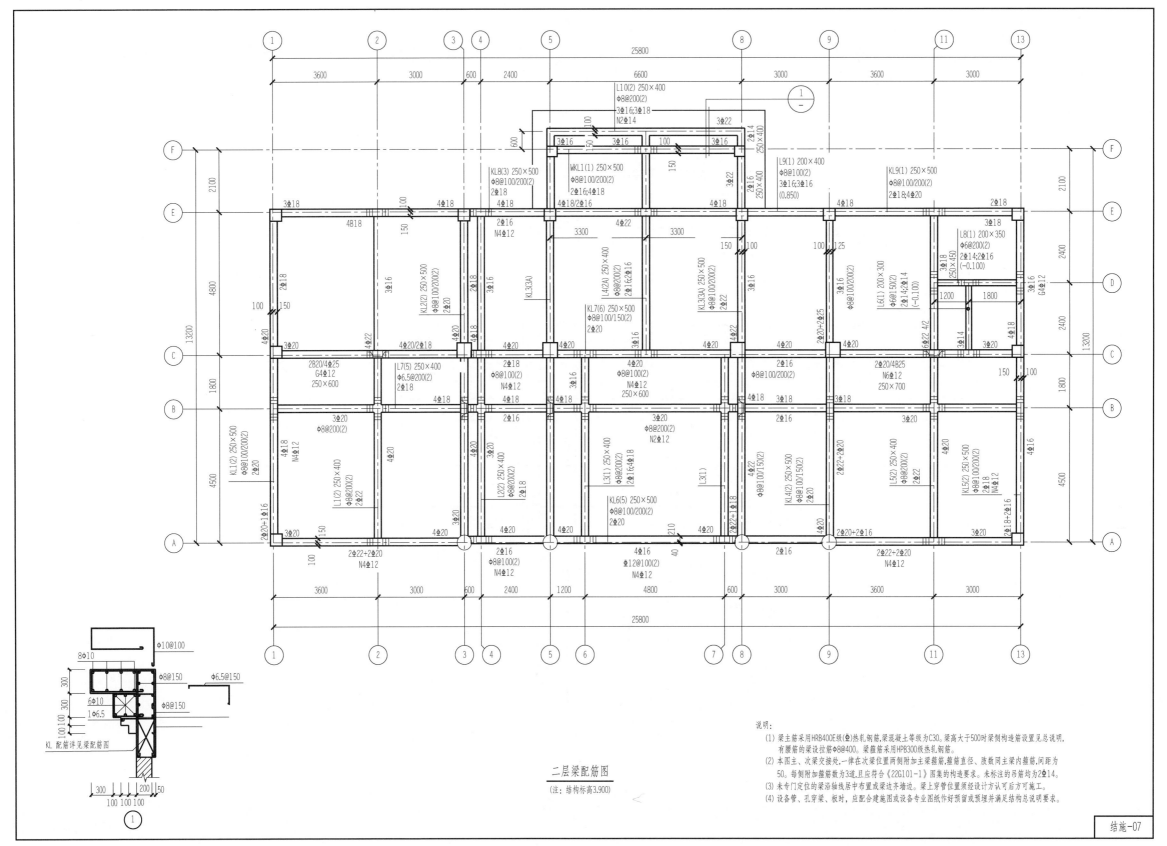

二层梁配筋图
(注：结构标高3.900)

说明：
(1) 梁主筋采用HRB400E级(卤)热轧钢筋,梁混凝土等级为C30。梁高大于500时梁侧构造筋设置见总说明,有腰筋的梁设拉筋φ8@400。梁箍筋采用HPB300级热轧钢筋。
(2) 本图主、次梁交接处,一律在次梁位置两侧附加主梁箍筋,箍筋直径、肢数同主梁内箍筋,间距为50。每侧附加箍筋数为3道,且应符合《22G101-1》图集的构造要求。未标注的吊筋均为2Φ14。
(3) 未专门定位的梁沿轴线居中布置或梁边齐墙边。梁上穿管位置须经设计认可后方可施工。
(4) 设备管、孔穿梁、板时,应配合建施图或设备专业图纸作好预留并满足结构总说明要求。

结施-07

25

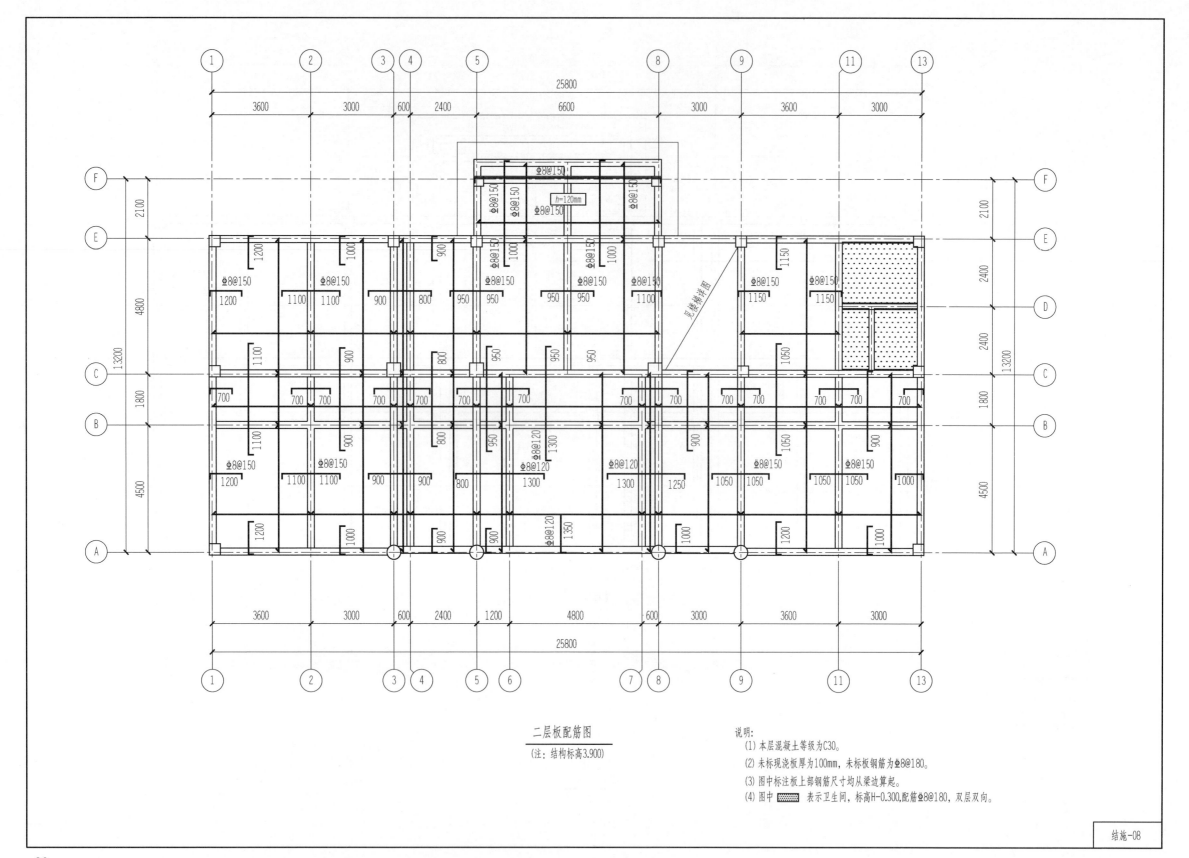

二层板配筋图
(注：结构标高3.900)

说明:
(1) 本层混凝土等级为C30。
(2) 未标注现浇板厚为100mm，未标注板钢筋为Φ8@180。
(3) 图中标注板上部钢筋尺寸均从梁边算起。
(4) 图中▓▓▓ 表示卫生间，标高H-0.300,配筋Φ8@180，双层双向。

结施-08

26

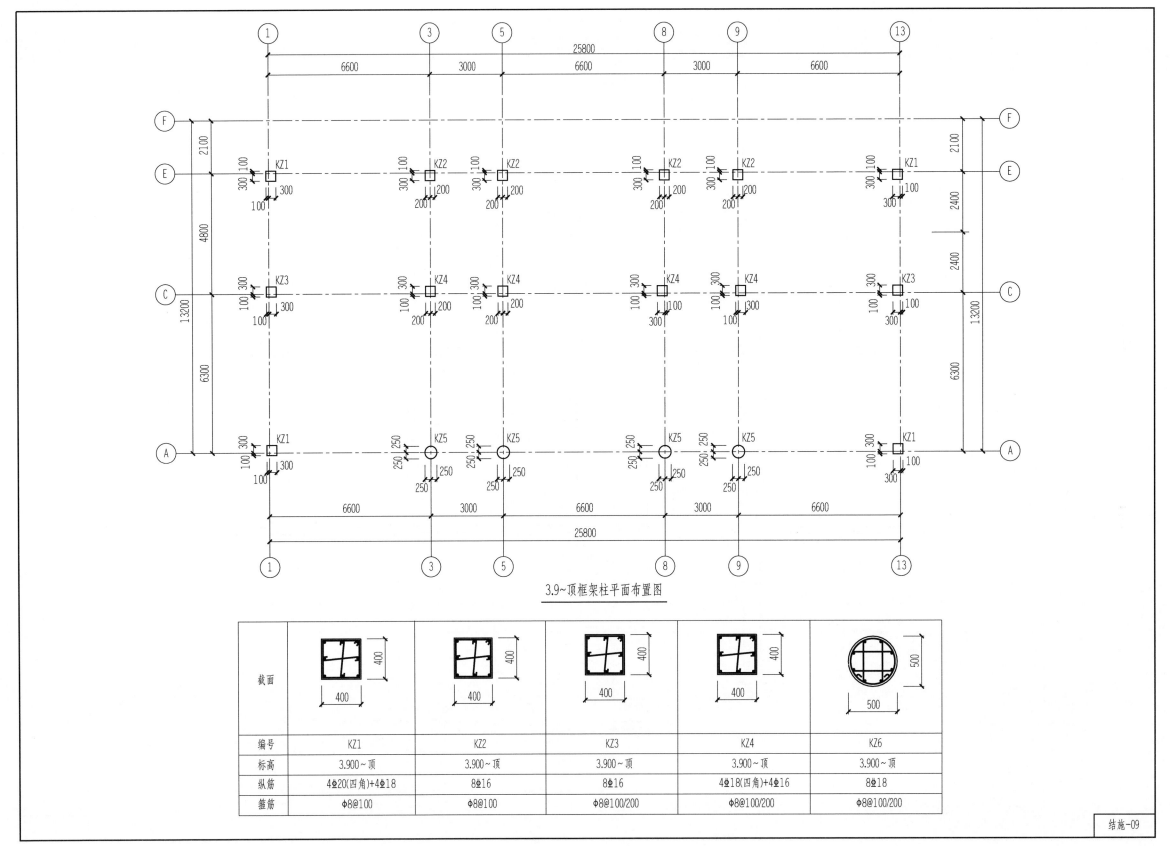

3.9~顶框架柱平面布置图

截面					
编号	KZ1	KZ2	KZ3	KZ4	KZ6
标高	3.900~顶	3.900~顶	3.900~顶	3.900~顶	3.900~顶
纵筋	4Φ20(四角)+4Φ18	8Φ16	8Φ16	4Φ18(四角)+4Φ16	8Φ18
箍筋	Φ8@100	Φ8@100	Φ8@100/200	Φ8@100/200	Φ8@100/200

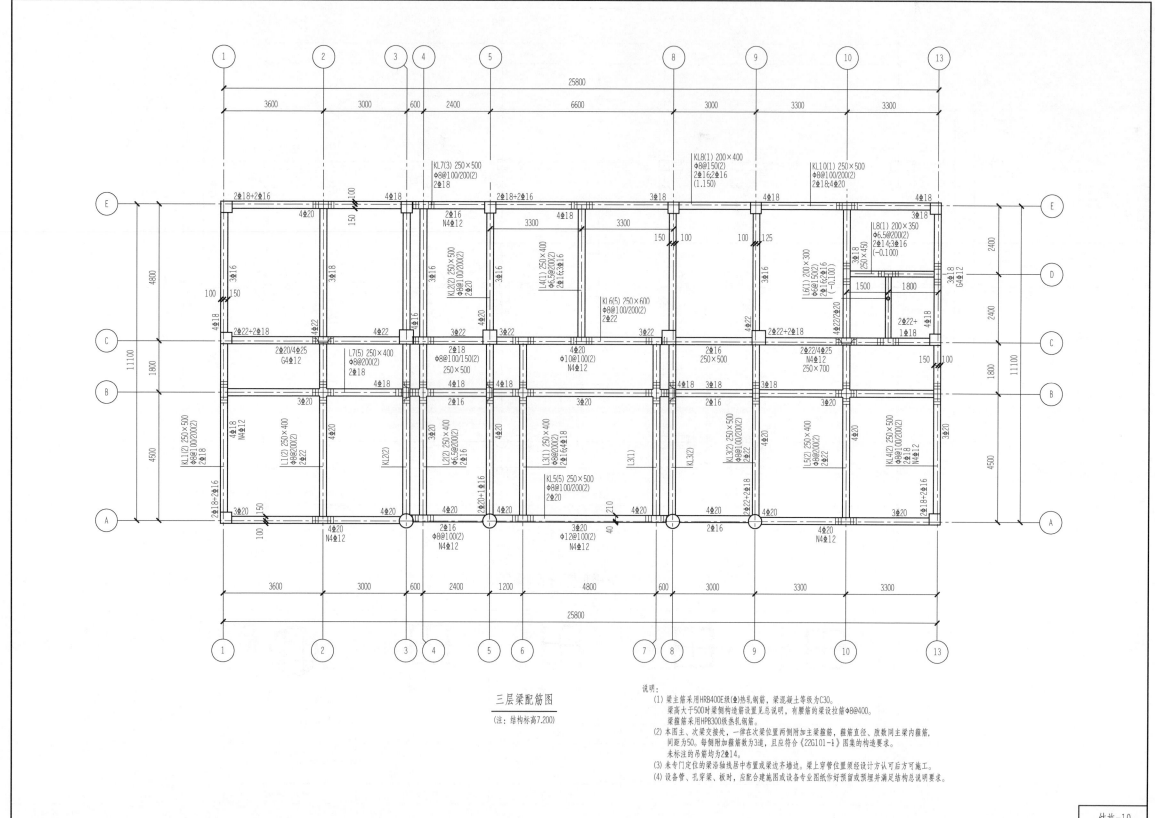

三层梁配筋图

(注：结构标高7.200)

结施-10

说明:
(1) 梁主筋采用HRB400E级(Φ热轧钢筋，梁混凝土等级为C30。
    梁高大于500时梁侧构造筋设置见总说明，有腰筋的梁设拉筋Φ8@400。
    梁箍筋采用HPB300级热轧钢筋。
(2) 本图主、次梁交接处，一律在次梁位置两侧附加主梁箍筋，箍筋直径、肢数同主梁内箍筋，
    间距为50。每侧附加箍筋数为3道，且应符合《22G101-1》图集的构造要求。
    未标注的吊筋均为2Φ14。
(3) 未专门定位的梁沿轴线居中布置或梁边齐墙边。梁上穿管位置须经设计认可后方可施工。
(4) 设备管、孔穿梁、板时，应配合建施图或设备专业图纸作好预留或预埋并满足结构总说明要求。

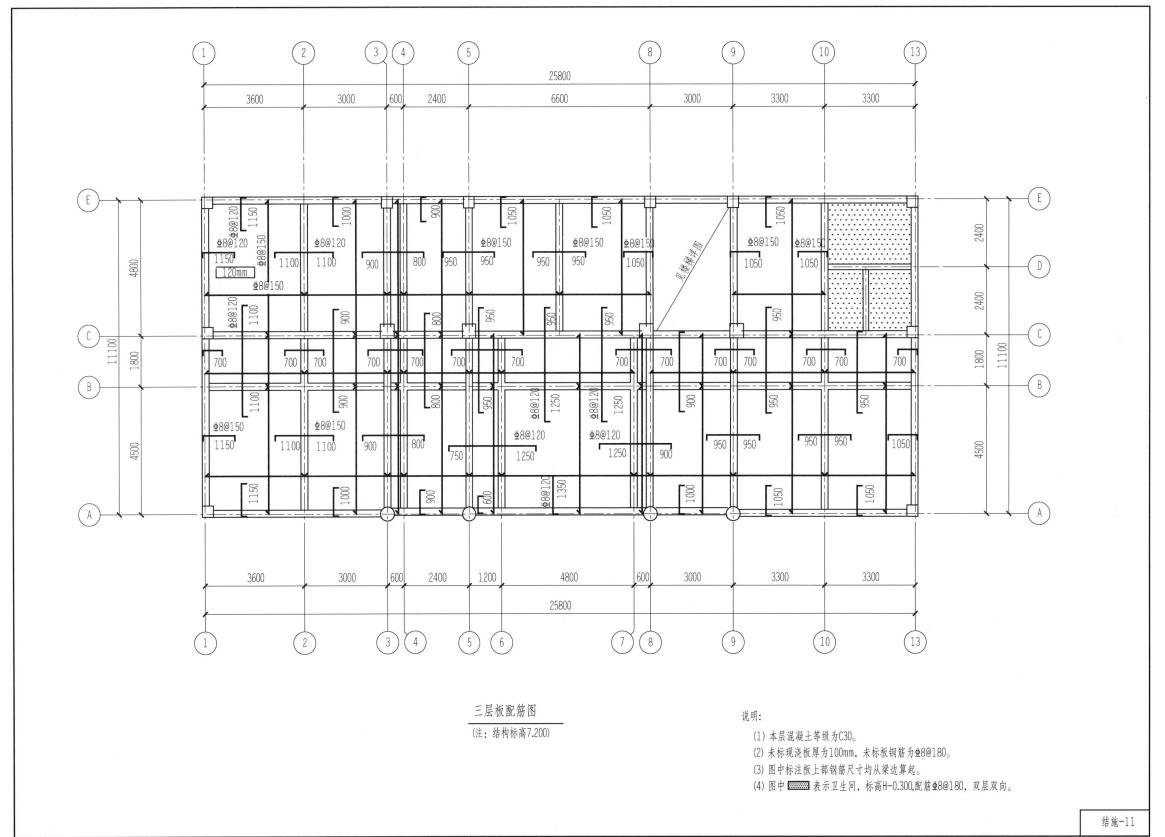

三层板配筋图

(注: 结构标高7.200)

说明:
(1) 本层混凝土等级为C30。
(2) 未标现浇板厚为100mm,未标板钢筋为Φ8@180。
(3) 图中标注板上部钢筋尺寸均从梁边算起。
(4) 图中▨▨▨ 表示卫生间,标高H-0.300,配筋Φ8@180,双层双向。

结施-11

29

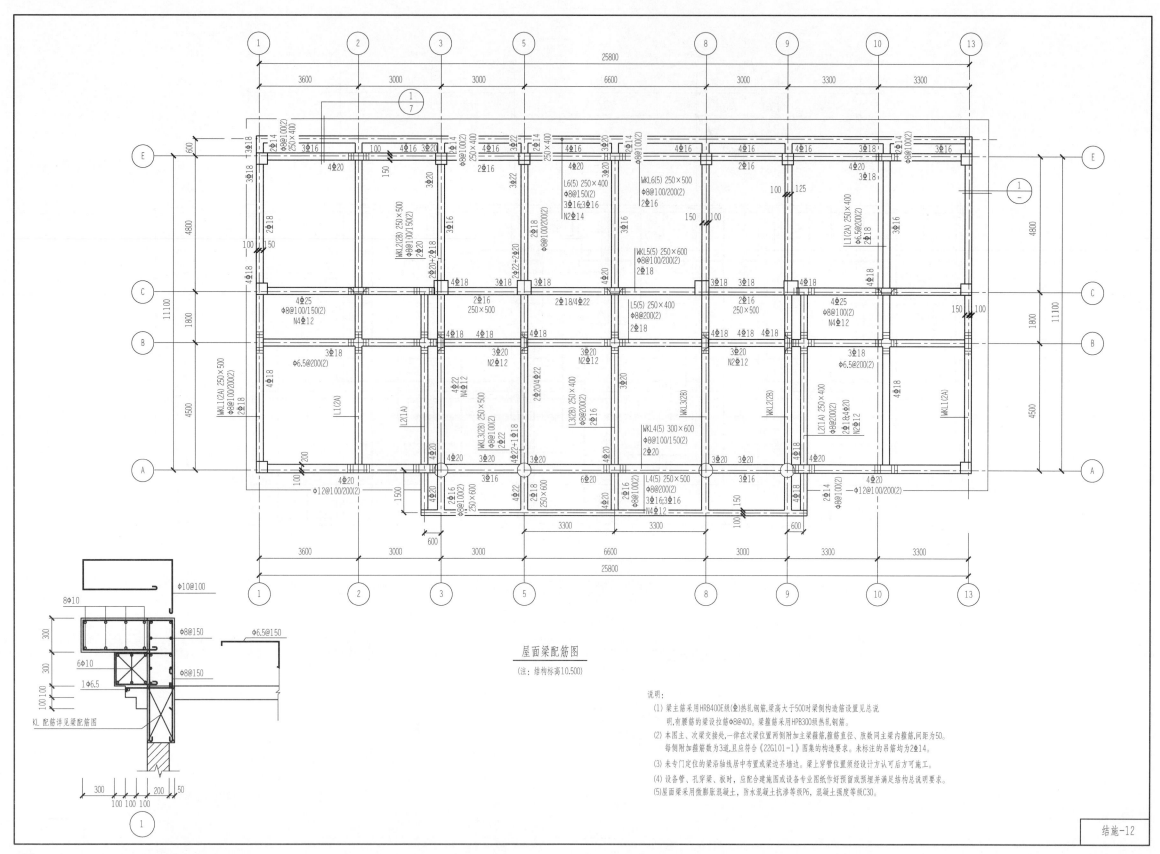

屋面梁配筋图
(注：结构标高10.500)

说明:
(1) 梁主筋采用HRB400E级(Φ)热轧钢筋,梁高大于500时梁侧构造筋设置见总说明,有腰筋的梁拉筋Φ8@400。梁箍筋采用HPB300级热轧钢筋。
(2) 本图主、次梁交接处,一律在次梁位置两侧附加主梁箍筋,箍筋直径、肢数同主梁内箍筋,间距为50。每侧附加箍筋数为3道,且应符合《22G101-1》图集的构造要求。未标注的吊筋均为2Φ14。
(3) 未专门定位的梁沿轴线居中布置或梁边齐墙边。梁上穿管位置须经设计方认可后方可施工。
(4) 设备管、孔穿梁、板时,应配合建施图或设备专业图纸作好预留或预埋并满足结构总说明要求。
(5)屋面梁采用微膨胀混凝土,防水混凝土抗渗等级P6,混凝土强度等级C30。

结施-12

30

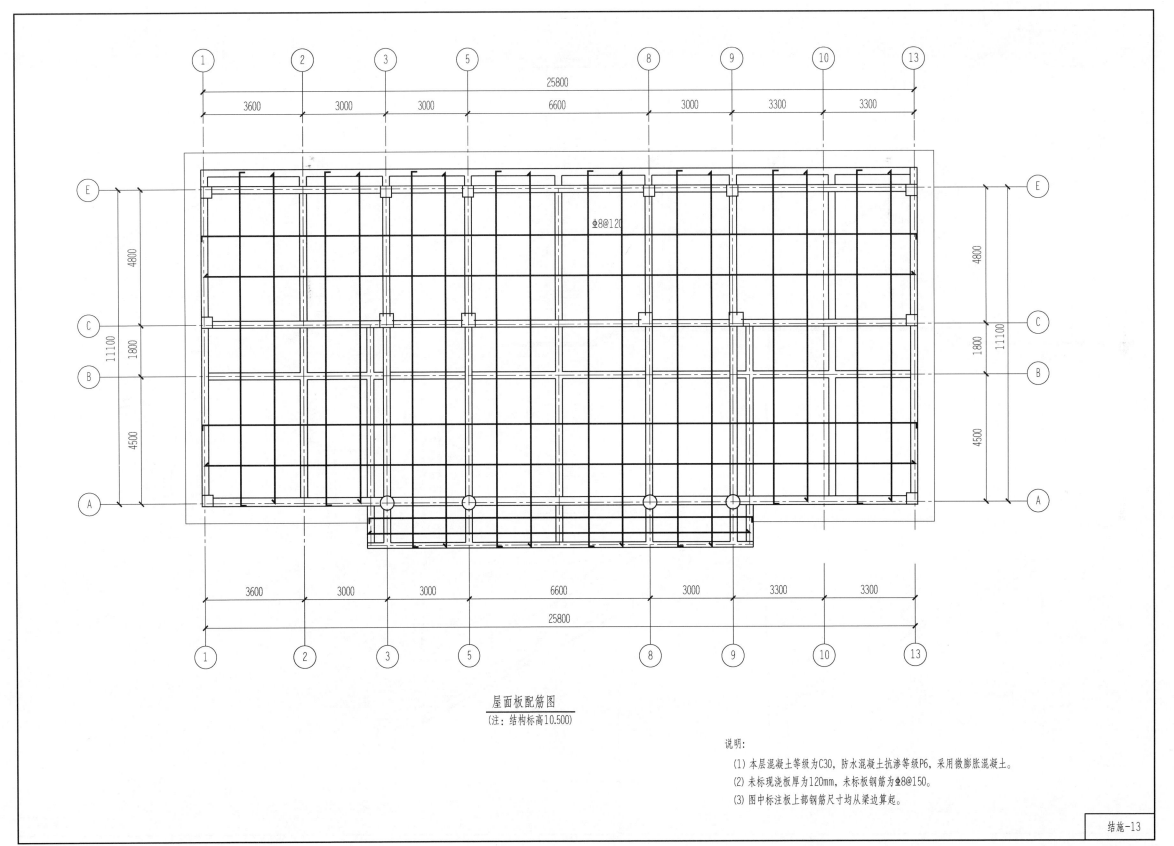

屋面板配筋图
(注：结构标高10.500)

说明:
(1) 本层混凝土等级为C30，防水混凝土抗渗等级P6，采用微膨胀混凝土。
(2) 未标现浇板厚为120mm，未标板钢筋为Φ8@150。
(3) 图中标注板上部钢筋尺寸均从梁边算起。

结施-13

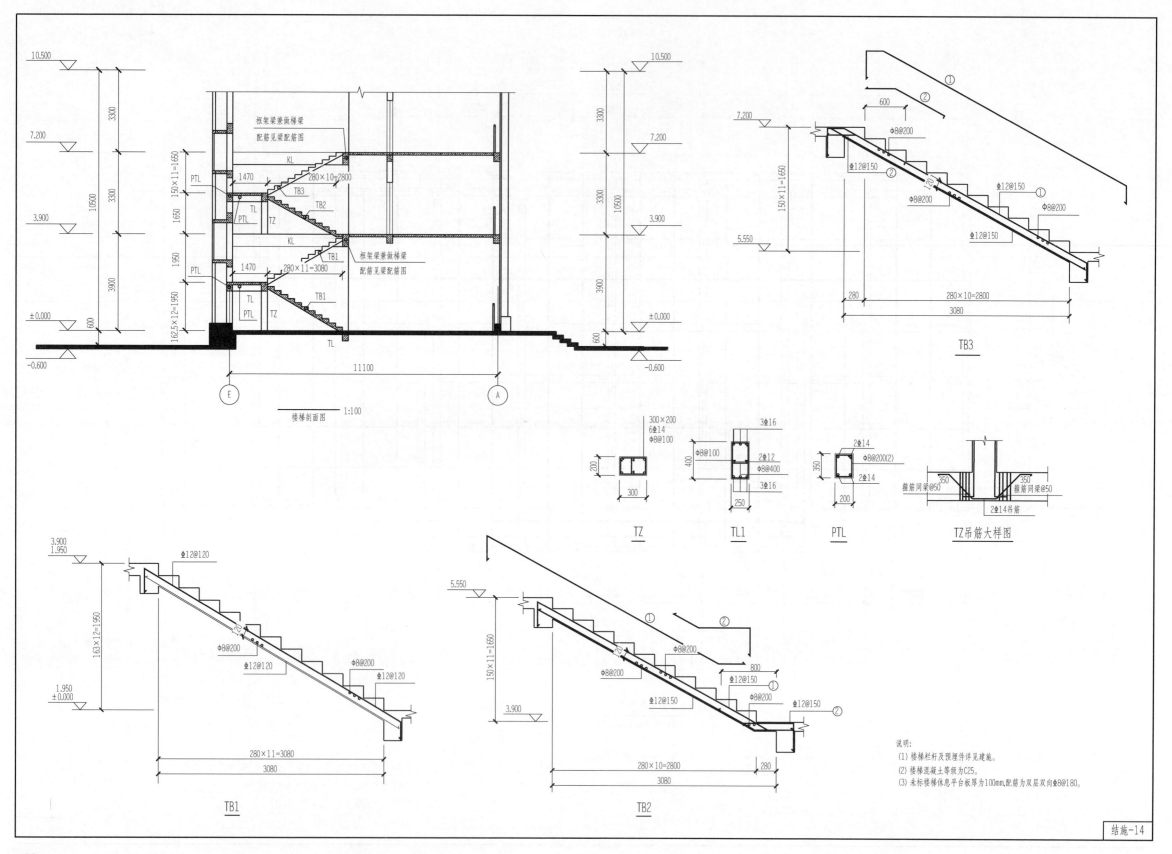

框架梁兼做梯梁
配筋见梁配筋图

框架梁兼做梯梁
配筋见梁配筋图

楼梯剖面图 1:100

TB3

TZ

TL1

PTL

TZ吊筋大样图

TB1

TB2

说明:
(1) 楼梯栏杆及预埋件详见建施。
(2) 楼梯混凝土等级为C25。
(3) 未标楼梯休息平台板厚为100mm,配筋为双层双向Φ8@180。

结施-14

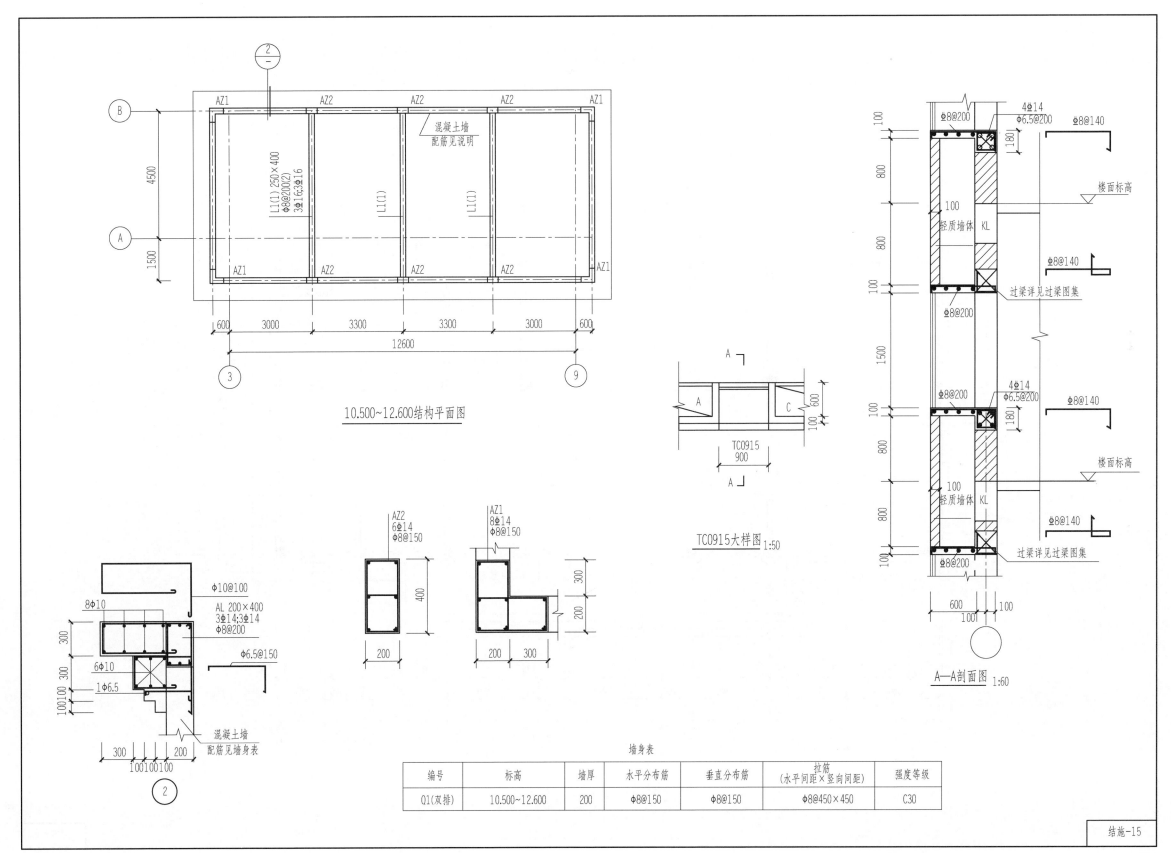

10.500~12.600结构平面图

TC0915大样图 1:50

A—A剖面图 1:60

墙身表

编号	标高	墙厚	水平分布筋	垂直分布筋	拉筋 (水平间距×竖向间距)	强度等级
Q1(双排)	10.500~12.600	200	Φ8@150	Φ8@150	Φ8@450×450	C30

结施-15

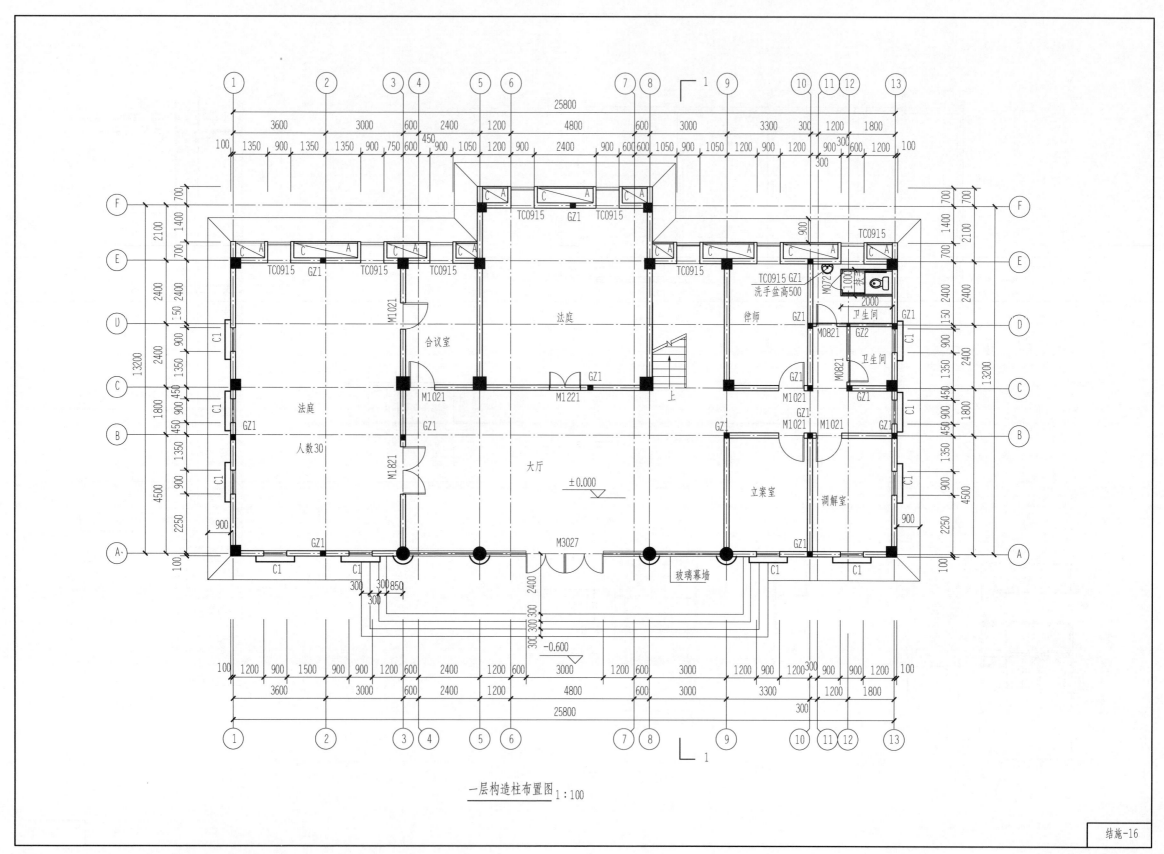

一层构造柱布置图 1:100

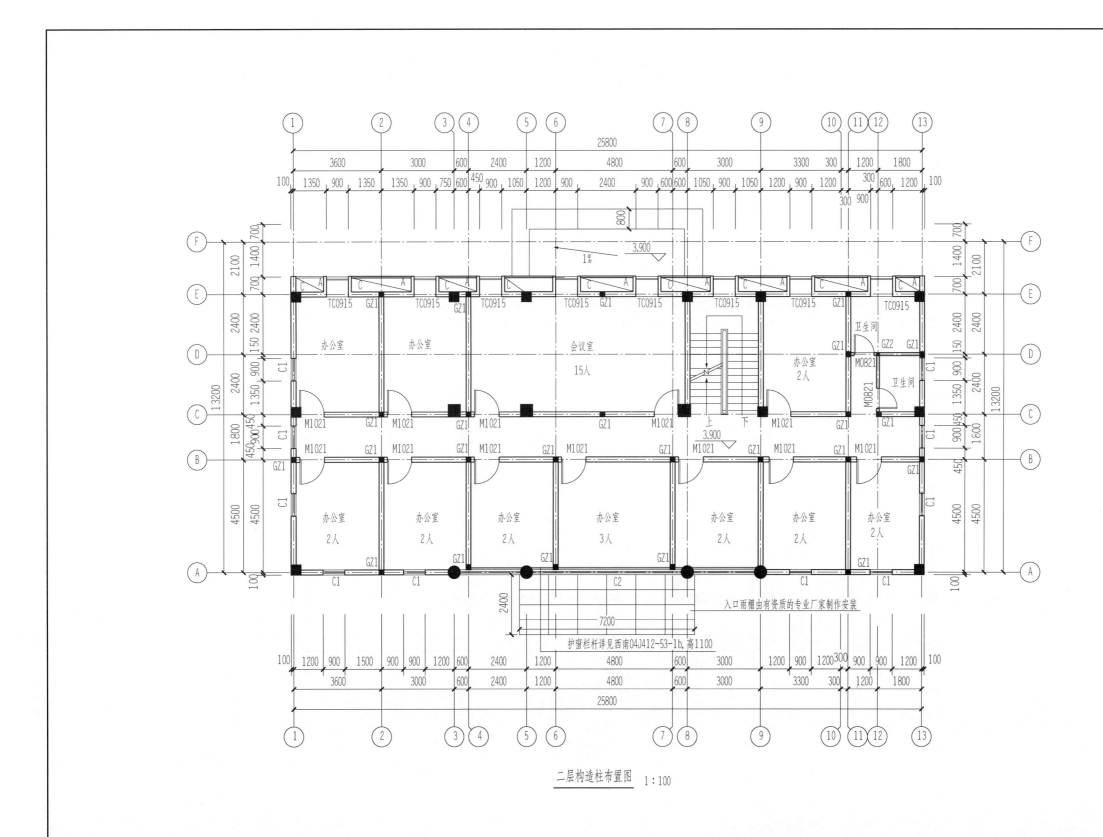

二层构造柱布置图 1:100

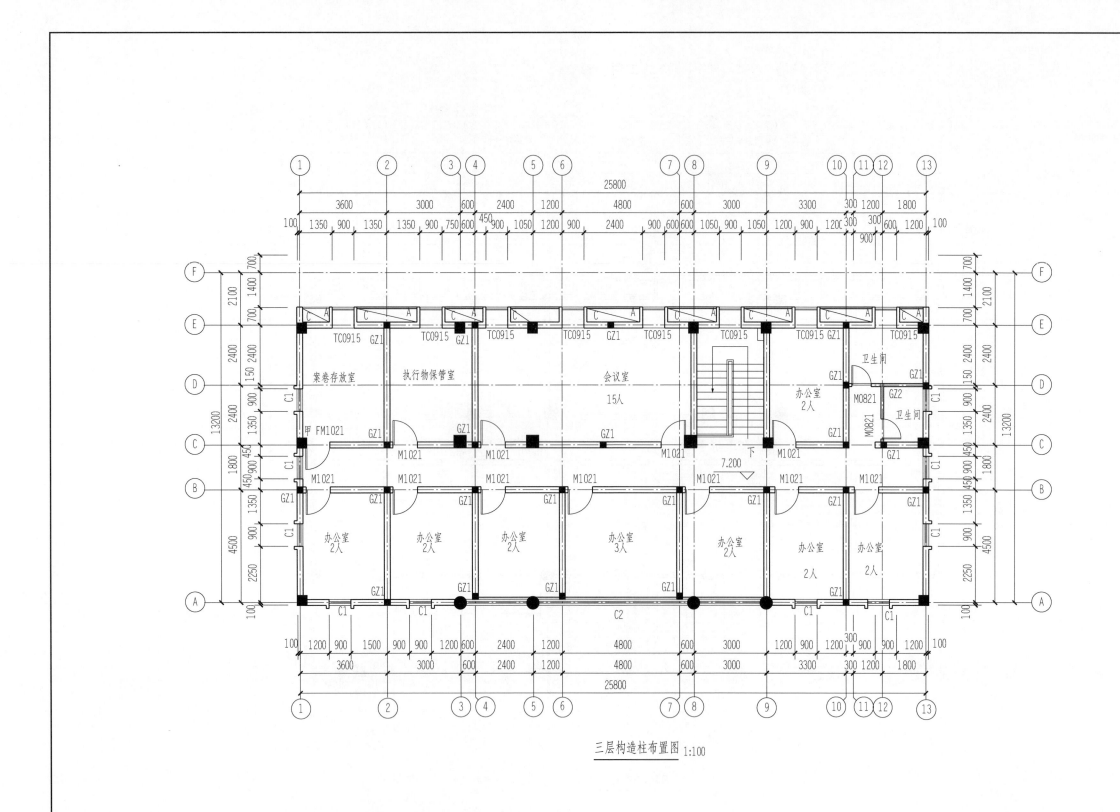

三层构造柱布置图 1:100

装饰施工图设计说明

一、设计依据
(1) 本工程建设单位提供的部分建筑图；
(2) 本工程建设单位提供的设计任务书；
(3)《建筑制图标准》GB/T 50104—2010；
(4)《建筑装饰装修工程质量验收规范》GB 50210—2018；
(5)《建筑内部装修设计防火规范》GB 50222—2017；
(6)《建筑照明设计标准》GB 50034—2013；
(7)《民用建筑工程室内环境污染控制标准》GB 50325—2020；
(8)《室内装饰装修材料有害物质限量》9 项国家标准 GB 18580—18588—2017；
(9)《建筑材料放射性核素限量》GB 6566—2010；
(10) 其他有关的国家现行规范、规程、规定及标准；
(11) 装饰工程施工的标准做法及惯常方式，施工图中未详尽之做法请参照相关标准及工具书。

二、主要材料性能及检测要求
(1) 本工程中主要材料的品牌、色彩、质感、规格应由甲方、监理单位及设计单位三方共同认定，并制作《材料明细附表》后，施工单位方可进行制作安装，且所有材料均应符合国家现行有关标准、规范、规程、规定，并由施工单位提供必要的检测试验报告。
(2) 施工单位在地面地砖（或石材等）的铺设前，应对楼地面进行找平，找平材料用 C15 特细砂细石混凝土。
(3) 本工程中所有钢结构部分均应采用热轧型钢，且按图做防锈处理，其焊接部分焊缝应大于或等于焊件自身厚度，焊缝通长补刷红丹防锈漆三遍。本工程中焊条均采用国产"大西洋"牌 CHE422 碳钢焊条。
(4) 本图中所标"轻钢龙骨石膏板顶棚吊顶，面刷乳胶漆"应为：50 系列轻钢龙骨，ϕ8HPB300 级钢筋做吊筋，面刷红丹防锈漆三遍；9.5mm 厚双面纸面石膏板，4×25 镀锌自攻螺纹，ϕ8Q100 镀锌膨胀螺栓；镀锌角钢（50×50×5）；环保型乳白色乳胶漆。
(5) 本工程所有地砖（或石材）铺地均采用 1∶2.5 水泥砂浆粘贴。
(6) 在本图中：
1) 所有标注"面刷乳胶漆"的图说均应为：
①在基层材料面作不低于 2 遍腻子灰，以找平基层为标准。
②作 1～2 遍乳胶漆底漆。
③作不低于 2 遍乳胶漆面漆。

2) 所有标注"墙纸"的图说均应为：
①在基层材料面作不低于 2 遍腻子灰，以找平基层为标准。
②作 1～2 遍醇酸清漆固底。
③用厂家配套的专用墙纸胶裱糊墙纸。
(7) 进口花岗石：磨光度达到 85°以上，厚度要基本一致，在规范公差范围内，最大公差±2mm；
进口大理石：硬度要符合国家有关规定，磨光度达到 85°以上，厚度要均匀，最大公差±2mm；
国产花岗石、大理石的产品质量要符合国家 A 级产品标准。
(8) 墙面干挂大理石均采用 25 厚大理石。

三、本图中各空间及部件的标准操作工艺
(1) 花岗石，大理石的墙面及地面平整度公差±2mm（2m 靠尺检测）。凡是白色，浅色花岗石，大理石，在贴以前都要做防污、防渗透处理；完工后要做晶面处理。
(2) 所有木夹板的天花、防墙、墙裙，都要进行防火处理。
(3) 所有外墙内侧的墙面、洗手间、淋浴间等的内墙（批水泥或装饰）均要进行防水处理。
(4) 所有天花石膏板与木夹板拼合处及其他今后会发生开列处要以绷带做防裂处理。
(5) 吊顶吊筋长度超过 1.5m 的要加反支撑或角钢，风管下方角钢加固处理。

四、范围
本图所示的装饰部分到外墙内侧面为界（或以窗户或以外大白玻璃墙内侧立面为界）。

五、防火、防腐处理
本图中所有木基层材料、装饰织物等应按国家消防局等有关规定做防火、防腐处理（如木基层表面刷防火涂料三遍等）。

六、注
(1) 家具选用详见家具配置图。
(2) 窗帘采用遮阳透景型卷帘。
(3) 原有消防设施、防火门，本次装饰设计未做任何变动。
(4) 本施工设计图说一经审定，任何一方不得擅自更改。
(5) 建设监理单位应全面熟悉本工程有关图说及相应的规范、规程、规定、标准。
(6) 施工单位应严格按图施工，严禁擅自更改。施工如有设计更改，设计更改图必须得到设计单位、监理单位及甲方的共同认可后才能施工。

装施-01

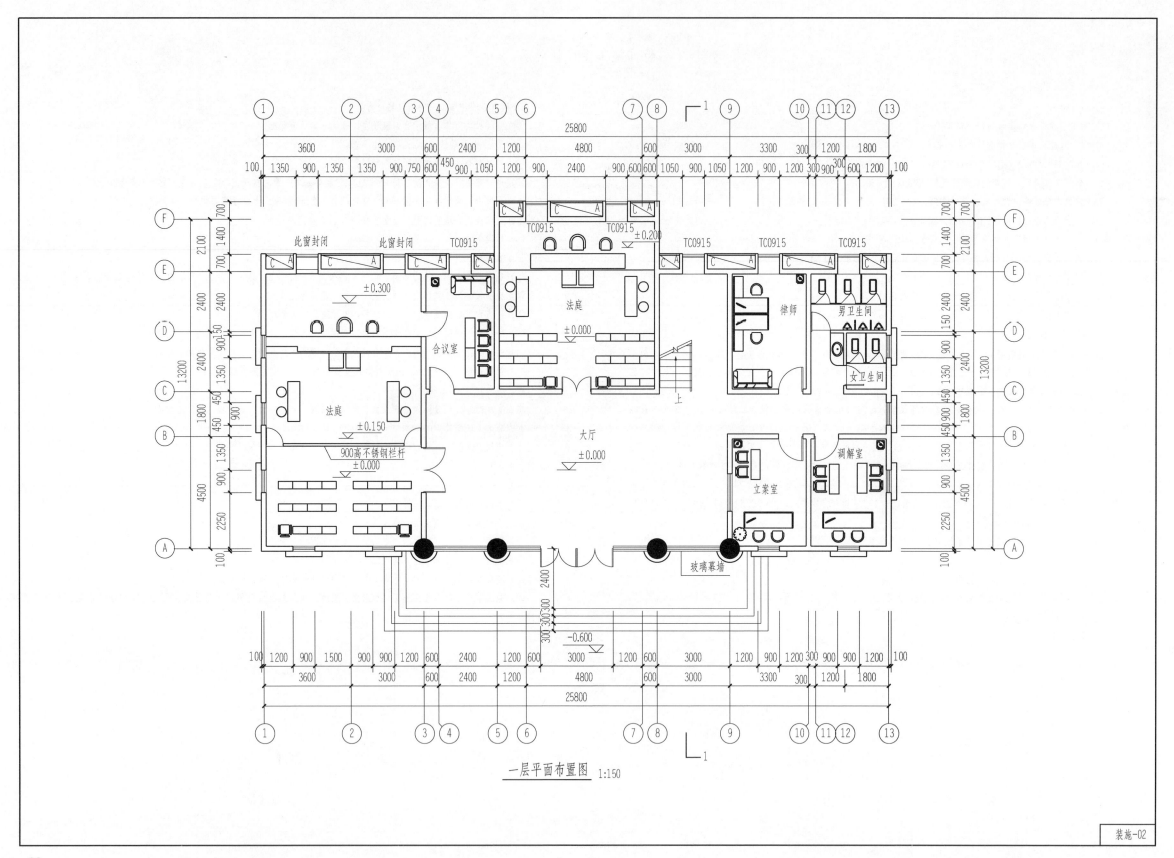

一层平面布置图 1:150

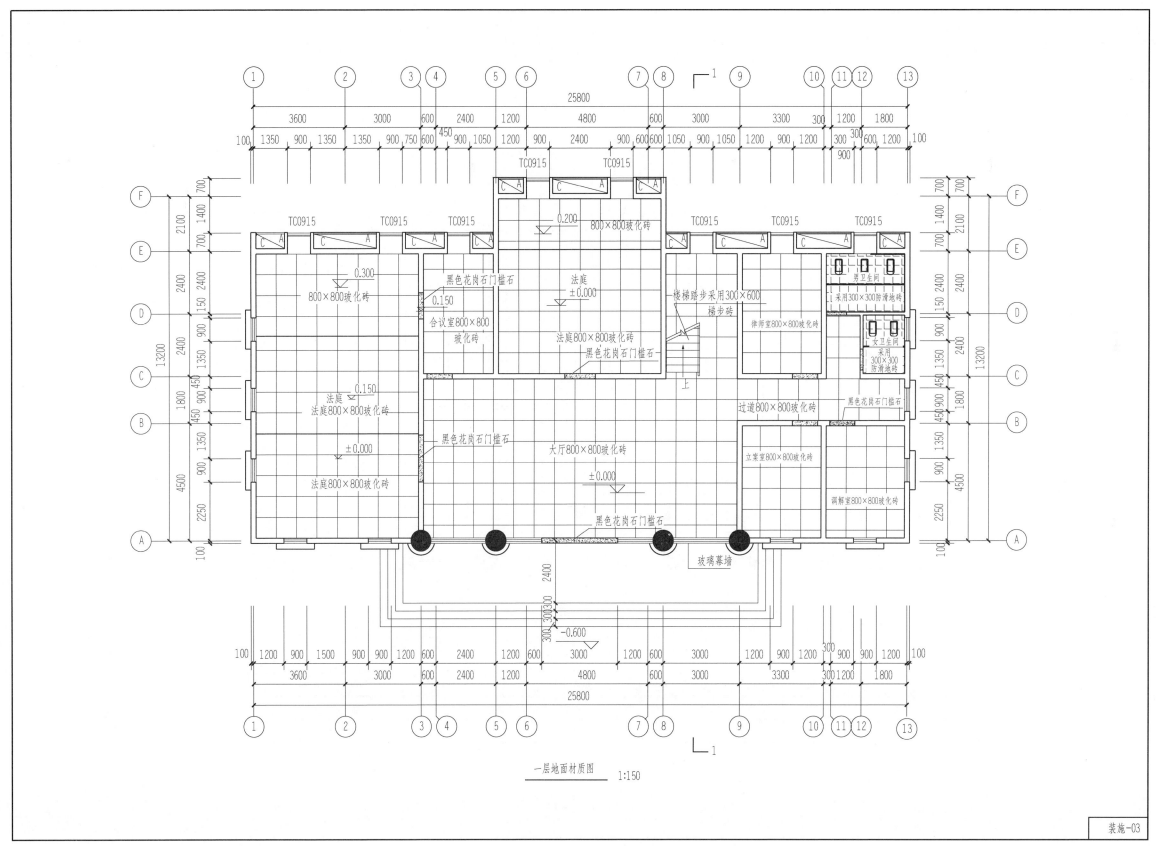

一层地面材质图   1:150

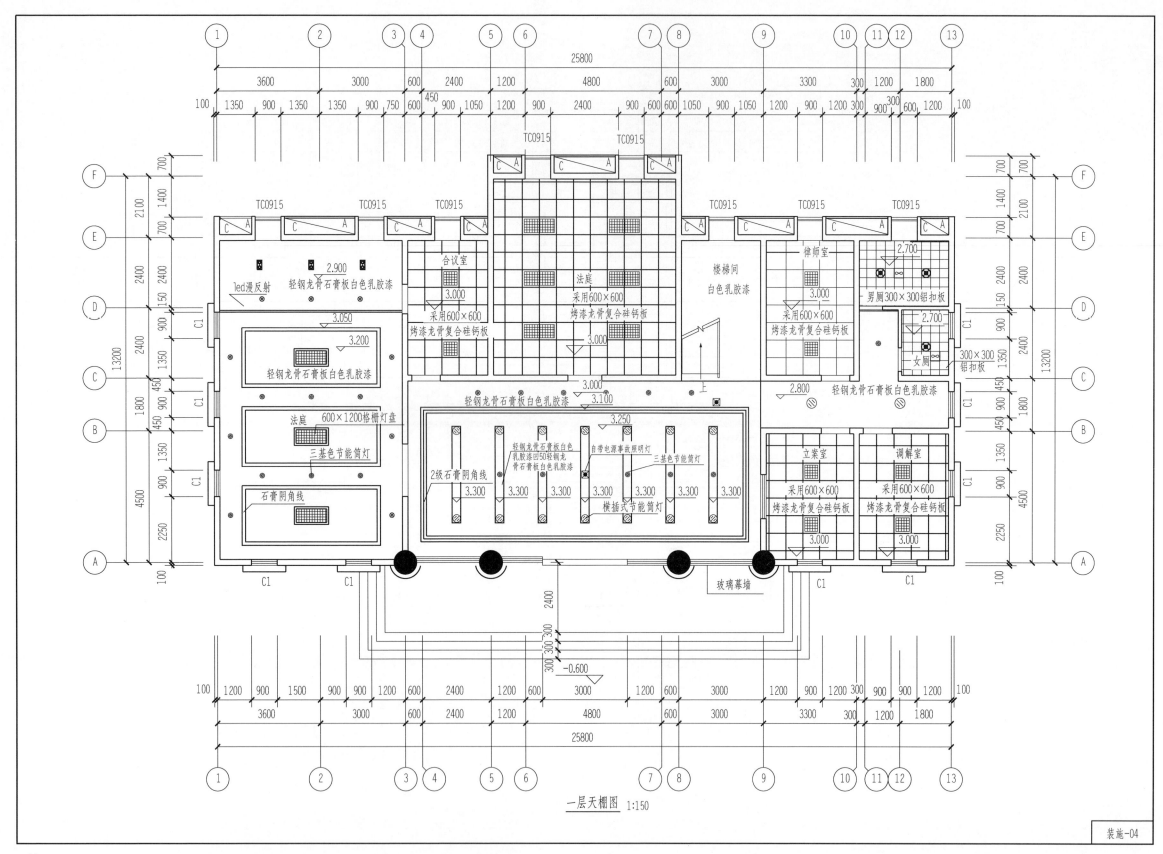

一层天棚图 1:150

装施-04

40

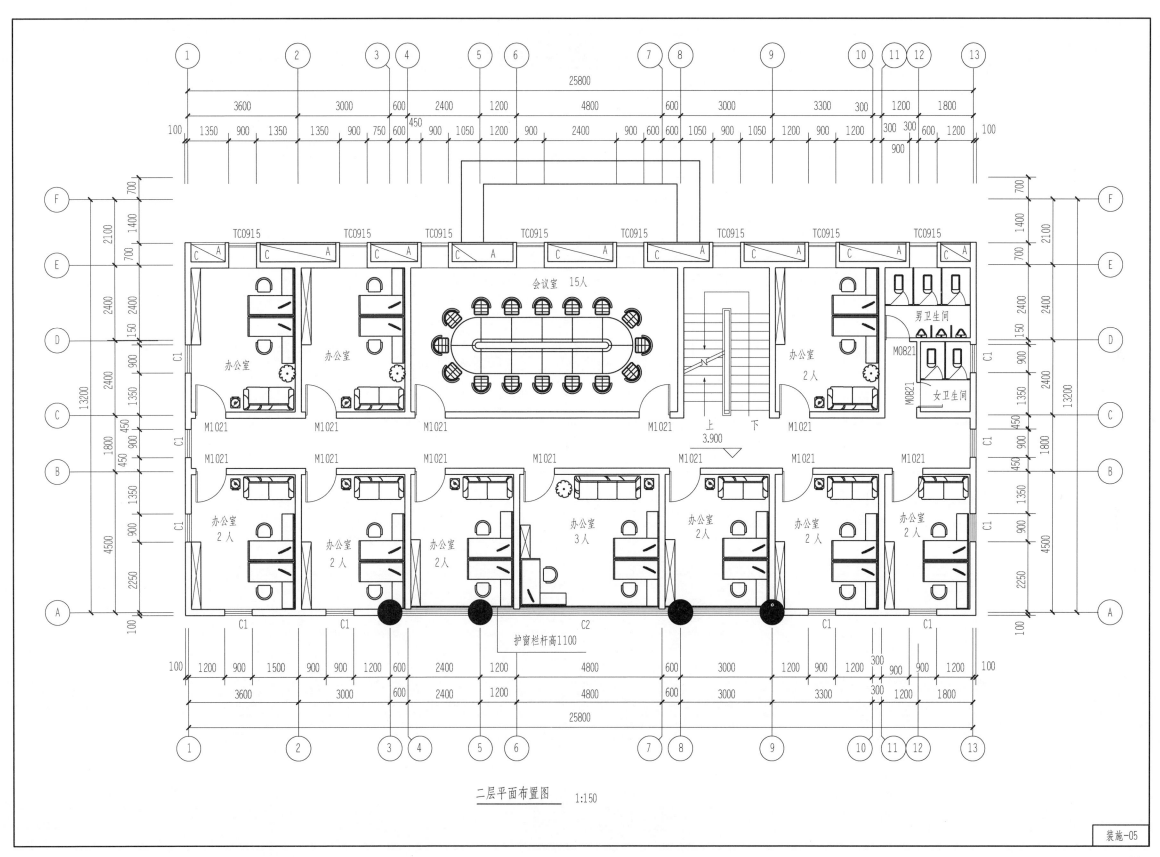

二层平面布置图　1:150

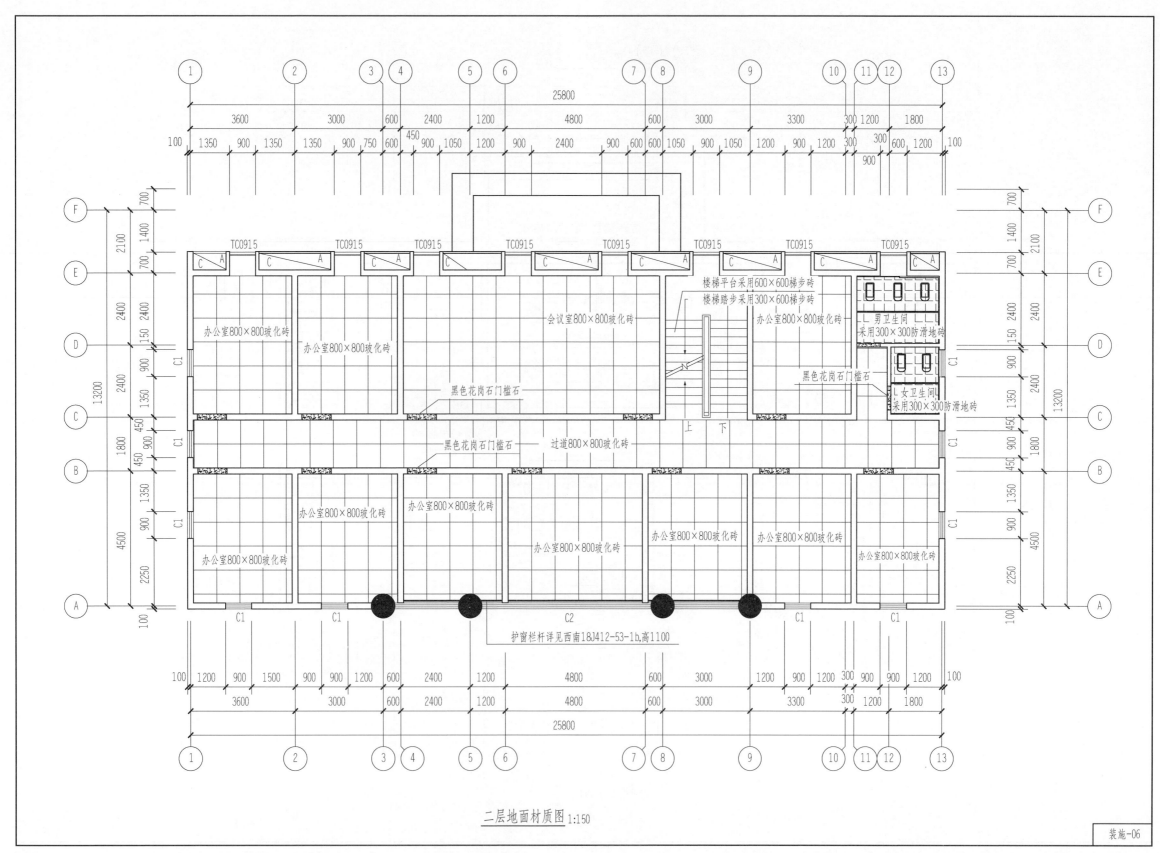

二层地面材质图 1:150

装施-06

42

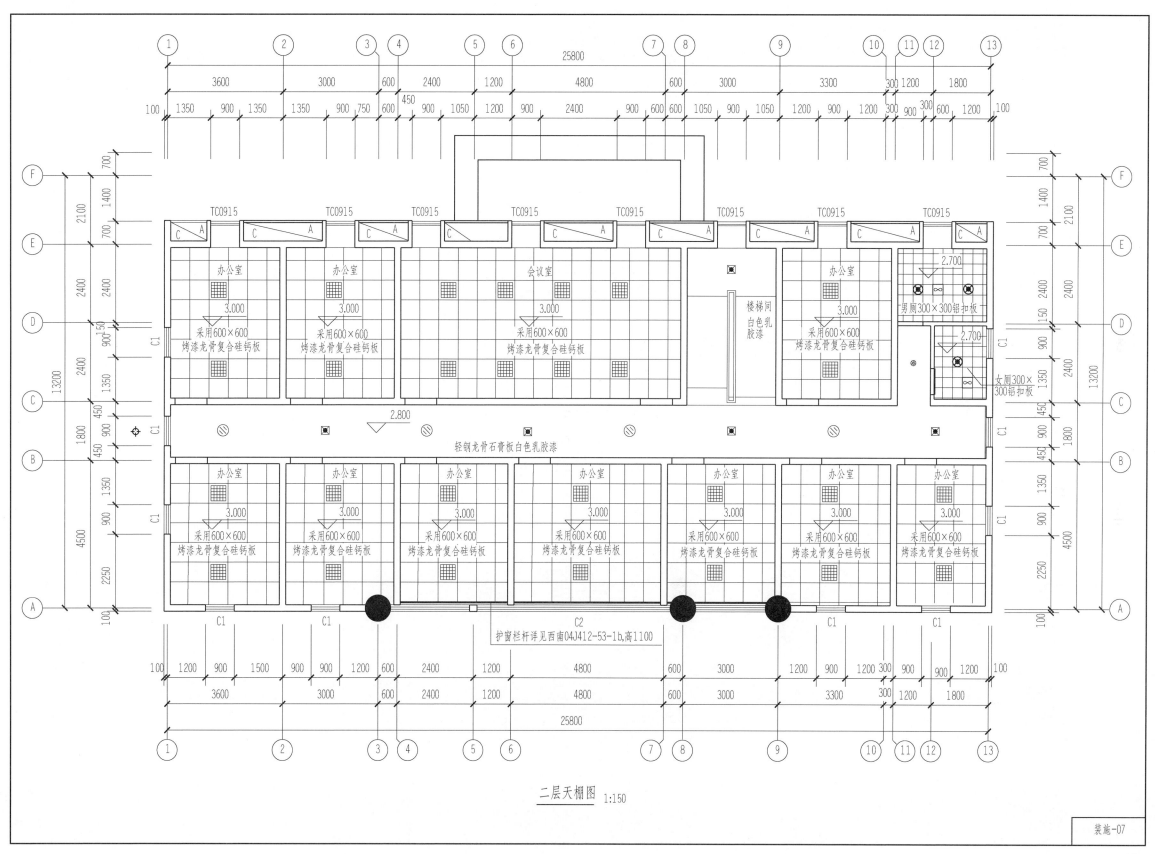

二层天棚图 1:150

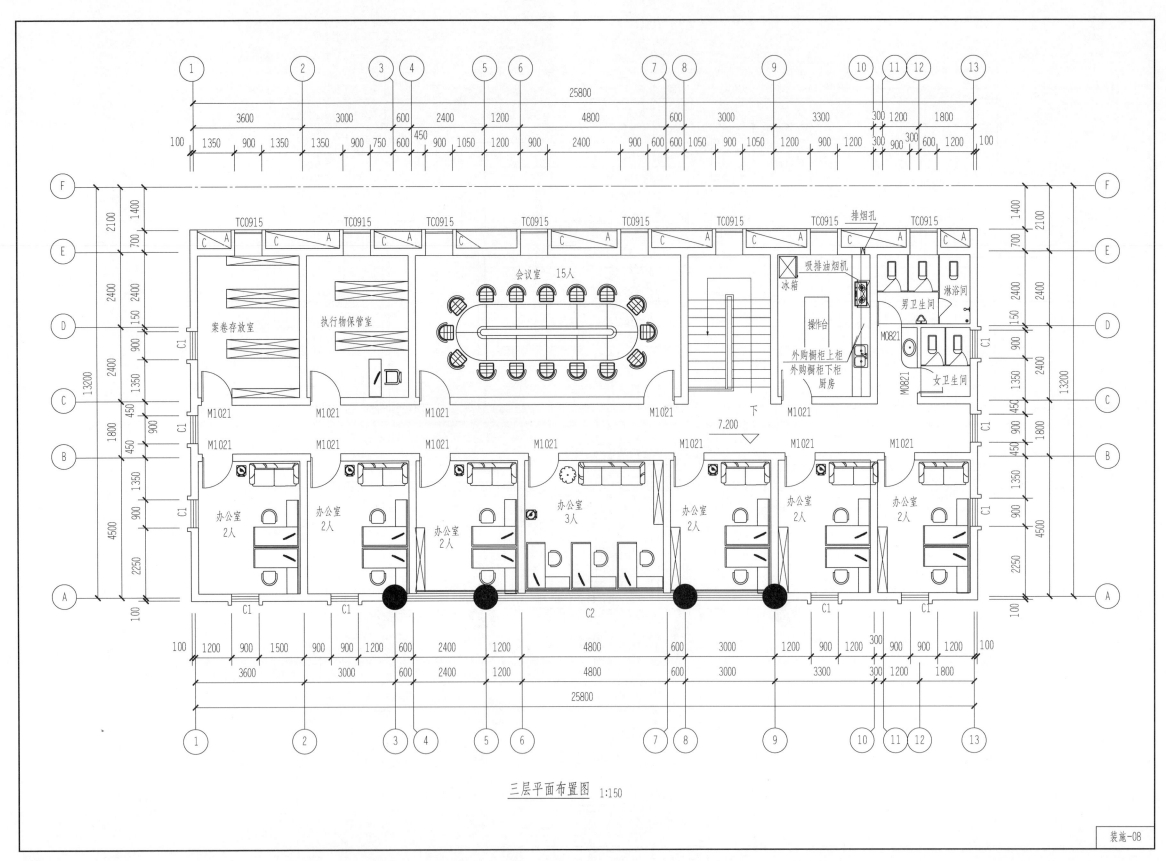

三层平面布置图 1:150

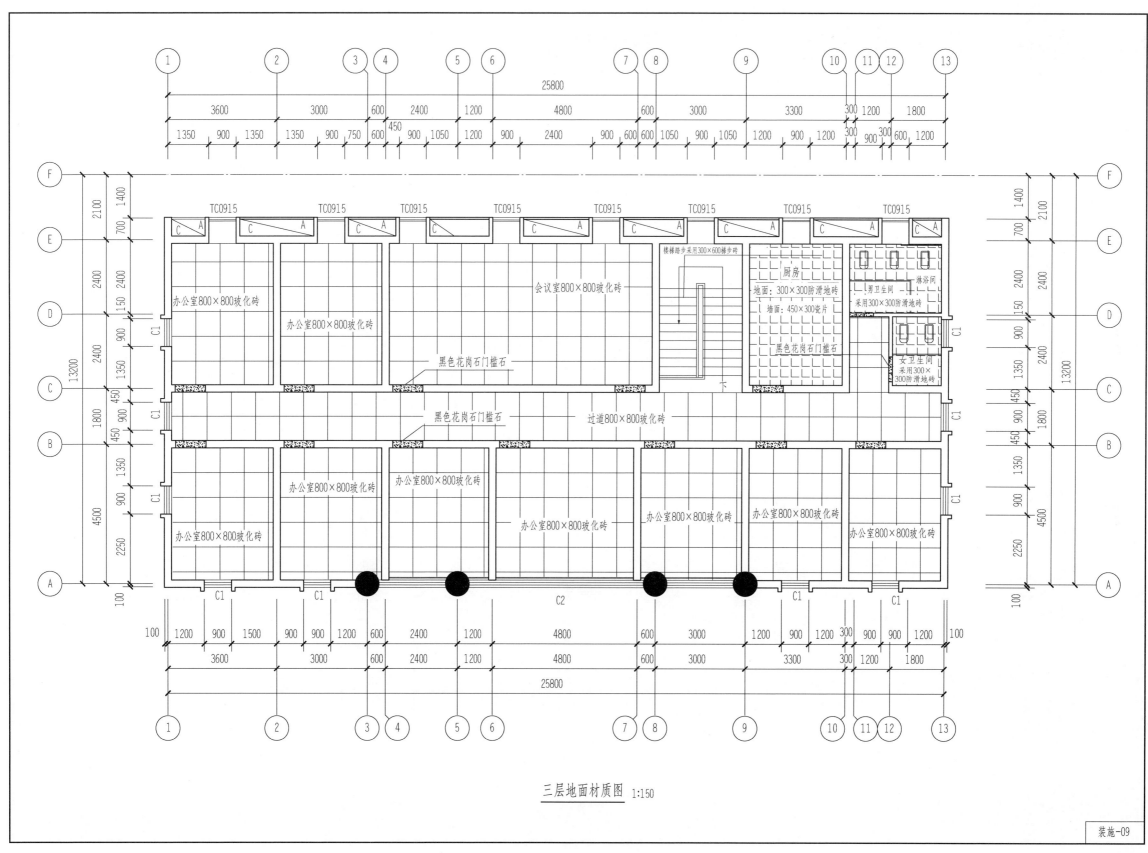

三层地面材质图 1:150

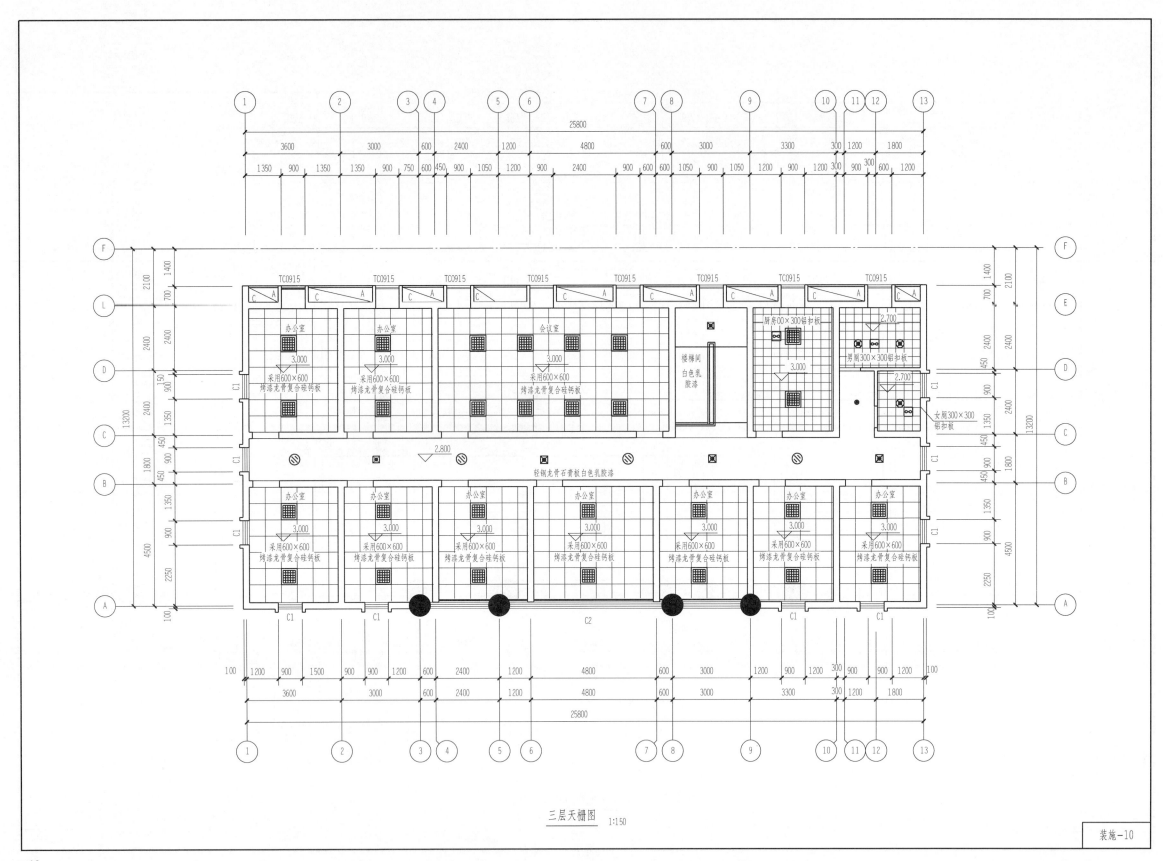

三层天栅图 1:150

装施-10

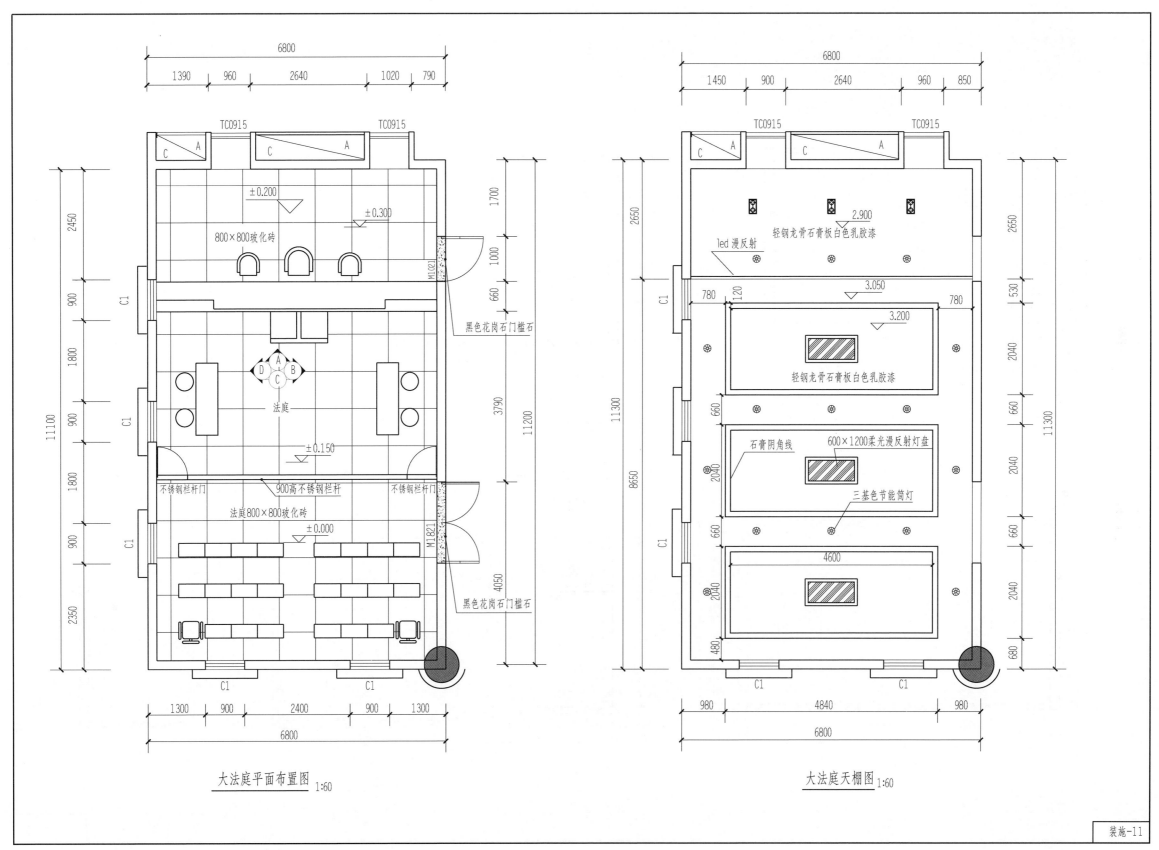

6800
1390 960 2640 1020 790

TC0915 TC0915

±0.200
±0.300
800×800玻化砖

黑色花岗石门槛石

法庭

±0.150

不锈钢栏杆门 900高不锈钢栏杆 不锈钢栏杆门
法庭800×800玻化砖
±0.000

黑色花岗石门槛石

2450
900
1800
900
2350

11100

1700
1000
660
3790
11200
4050

C1
C1
C1
C1

C1 C1
1300 900 2400 900 1300
6800

大法庭平面布置图 1:60

6800
1450 900 2640 960 850

TC0915 TC0915

2.900
轻钢龙骨石膏板白色乳胶漆
led 漫反射

3.050
3.200

轻钢龙骨石膏板白色乳胶漆

石膏阴角线 600×1200柔光漫反射灯盘

三基色节能筒灯

4600

2650
530
2040
660
2040
660
2040
480

2650
8650
11300

11300

C1
C1
C1

780 120 780

C1 C1
980 4840 980
6800

大法庭天棚图 1:60

装施-11

47

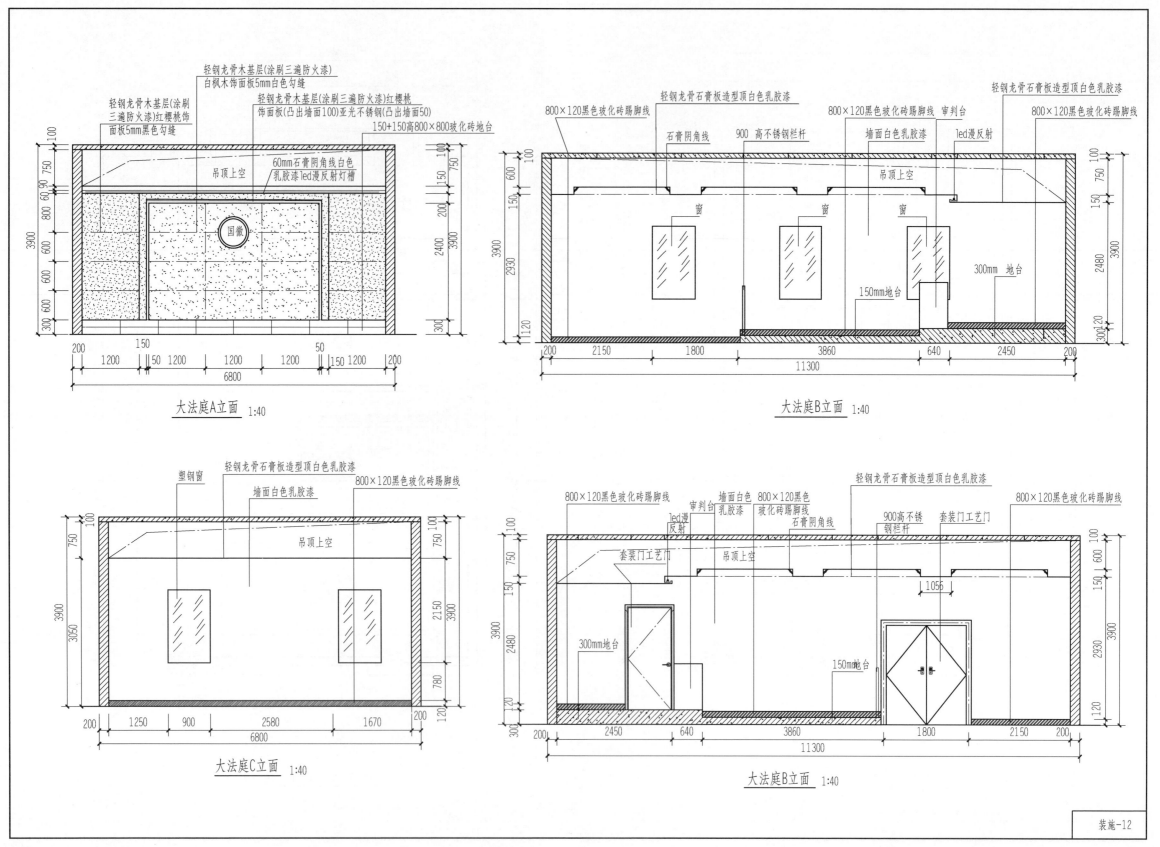

轻钢龙骨木基层(涂刷三遍防火漆)
白枫木饰面板5mm白色勾缝
轻钢龙骨木基层(涂刷三遍防火漆)红樱桃
饰面板(凸出墙面100)亚光不锈钢(凸出墙面50)
150+150高800×800玻化砖地台

轻钢龙骨木基层(涂刷
三遍防火漆)红樱桃饰
面板5mm黑色勾缝

吊顶上空

60mm石膏阴角线白色
乳胶漆led漫反射灯槽

国徽

100
750
60 90 60
800
600
600
300
3900

100
150
750
150
200
2400
3900
300

200 150 50 50 150 200
1200 1200 1200 1200 1200
6800

大法庭A立面 1:40

轻钢龙骨石膏板造型顶白色乳胶漆
800×120黑色玻化砖踢脚线
石膏阴角线
900 高不锈钢栏杆
墙面白色乳胶漆
审判台
led漫反射
轻钢龙骨石膏板造型顶白色乳胶漆
800×120黑色玻化砖踢脚线

吊顶上空

窗   窗   窗

300mm 地台
150mm地台

100
150
600
150
2930
3900
1120

100
750
150
2480
3900
300 120

200 2150 1800 3860 640 2450 200
11300

大法庭B立面 1:40

塑钢窗
轻钢龙骨石膏板造型顶白色乳胶漆
800×120黑色玻化砖踢脚线
墙面白色乳胶漆

吊顶上空

100
750
3050
3900

100
750
2150
3900
780
120

200 1250 900 2580 1670 200
6800

大法庭C立面 1:40

800×120黑色玻化砖踢脚线
审判台
led漫
反射
墙面白色
乳胶漆
800×120黑色
玻化砖踢脚线
石膏阴角线
轻钢龙骨石膏板造型顶白色乳胶漆
900高不锈
钢栏杆
套装门工艺门
800×120黑色玻化砖踢脚线

套装门工艺门

吊顶上空

1056

300mm地台
150mm地台

100
750
150
2480
3900
120
300

100
600
150
2930
3900
120

200 2450 640 3860 1800 2150 200
11300

大法庭B立面 1:40

装施-12

48

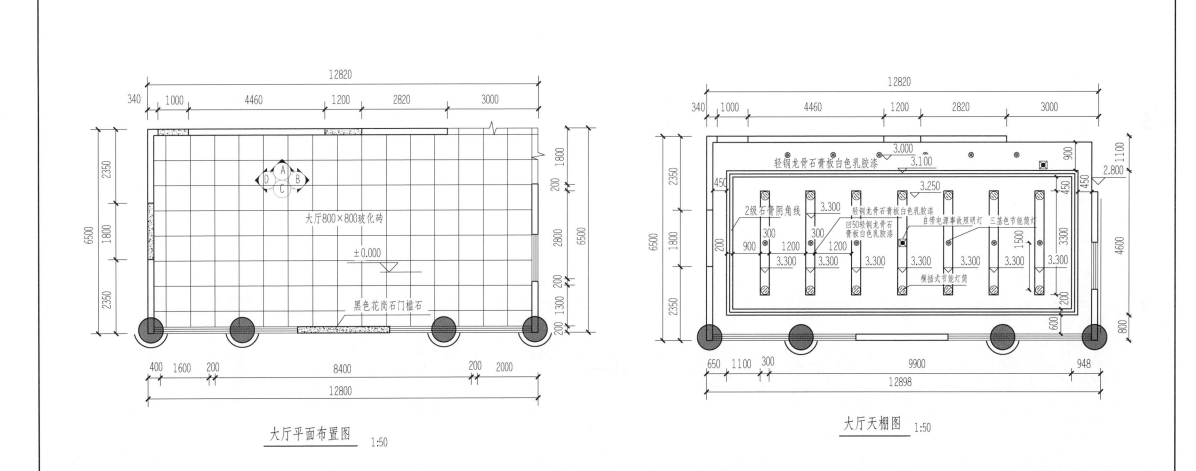

大厅平面布置图 1:50

大厅天棚图 1:50

12820
340 1000 4460 1200 2820 3000

2350
1800
2350

200 1800
2800
200 1300
200

大厅800×800玻化砖

±0.000

黑色花岗石门槛石

400 1600 200 8400 200 2000
12800

12820
340 1000 4460 1200 2820 3000

2350
1800
2350

3.000
3.100
轻钢龙骨石膏板白色乳胶漆
3.250
2级石膏阴角线
3.300
轻钢龙骨石膏板白色乳胶漆
回50轻钢龙骨石 自带电源事故照明灯 三基色节能筒灯
膏板白色乳胶漆
300 300
900 1200 1200 1500 3.300
3.300 3.300 3.300 3.300 3.300 3.300 3.300
横插式节能灯筒

450
200
450

200

1100
2.800
450
4600
600
800

650 1100 300 9900 948
12898

装施-13

49

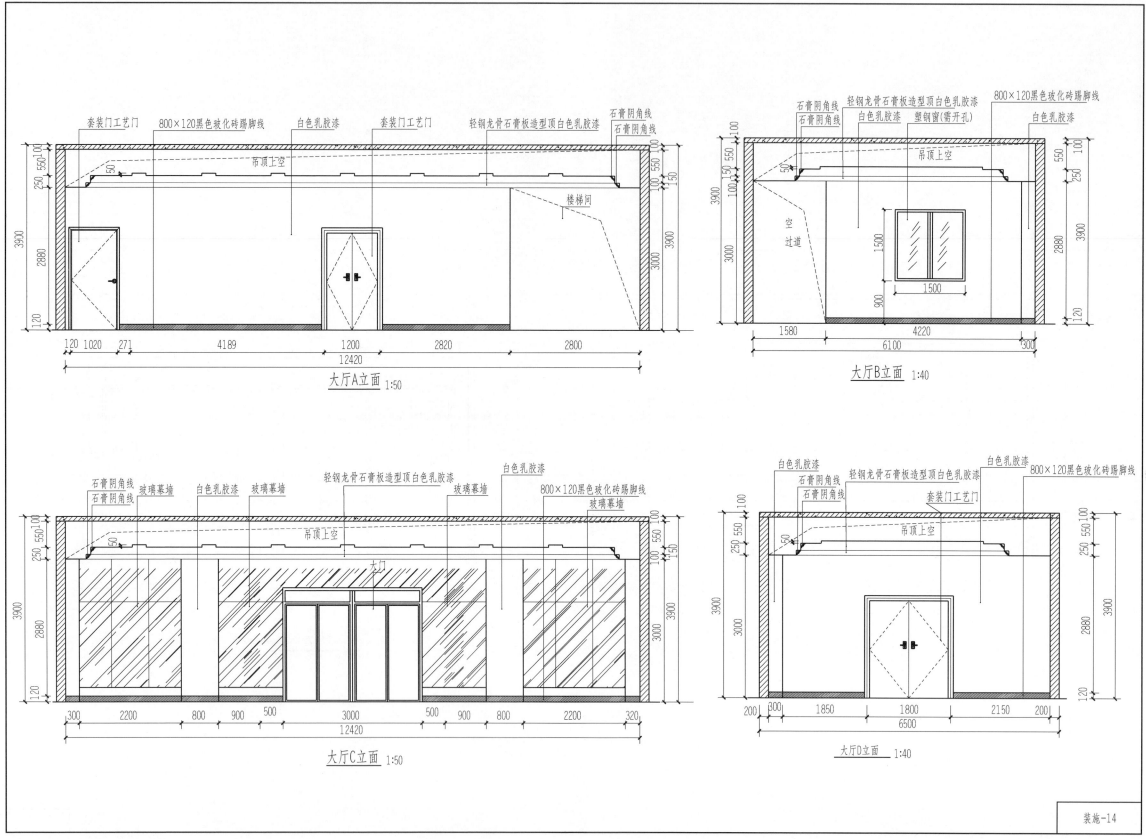

套装门工艺门　800×120黑色玻化砖踢脚线　白色乳胶漆　套装门工艺门　轻钢龙骨石膏板造型顶白色乳胶漆　石膏阴角线　石膏阴角线

吊顶上空

楼梯间

120 1020 271　4189　1200　2820　2800

12420

大厅A立面 1:50

石膏阴角线　石膏阴角线　白色乳胶漆　塑钢窗(需开孔)　800×120黑色玻化砖踢脚线　白色乳胶漆

吊顶上空

空过道

1500
1500
900

1580　4220　300

6100

大厅B立面 1:40

石膏阴角线　石膏阴角线　玻璃幕墙　白色乳胶漆　玻璃幕墙　轻钢龙骨石膏板造型顶白色乳胶漆　玻璃幕墙　白色乳胶漆　800×120黑色玻化砖踢脚线　玻璃幕墙

吊顶上空

大门

300　2200　800　900　500　3000　500　900　800　2200　320

12420

大厅C立面 1:50

白色乳胶漆　石膏阴角线　石膏阴角线　轻钢龙骨石膏板造型顶白色乳胶漆　白色乳胶漆　套装门工艺门　800×120黑色玻化砖踢脚线

吊顶上空

200　300　1850　1800　2150　200

6500

大厅D立面 1:40

装施-14

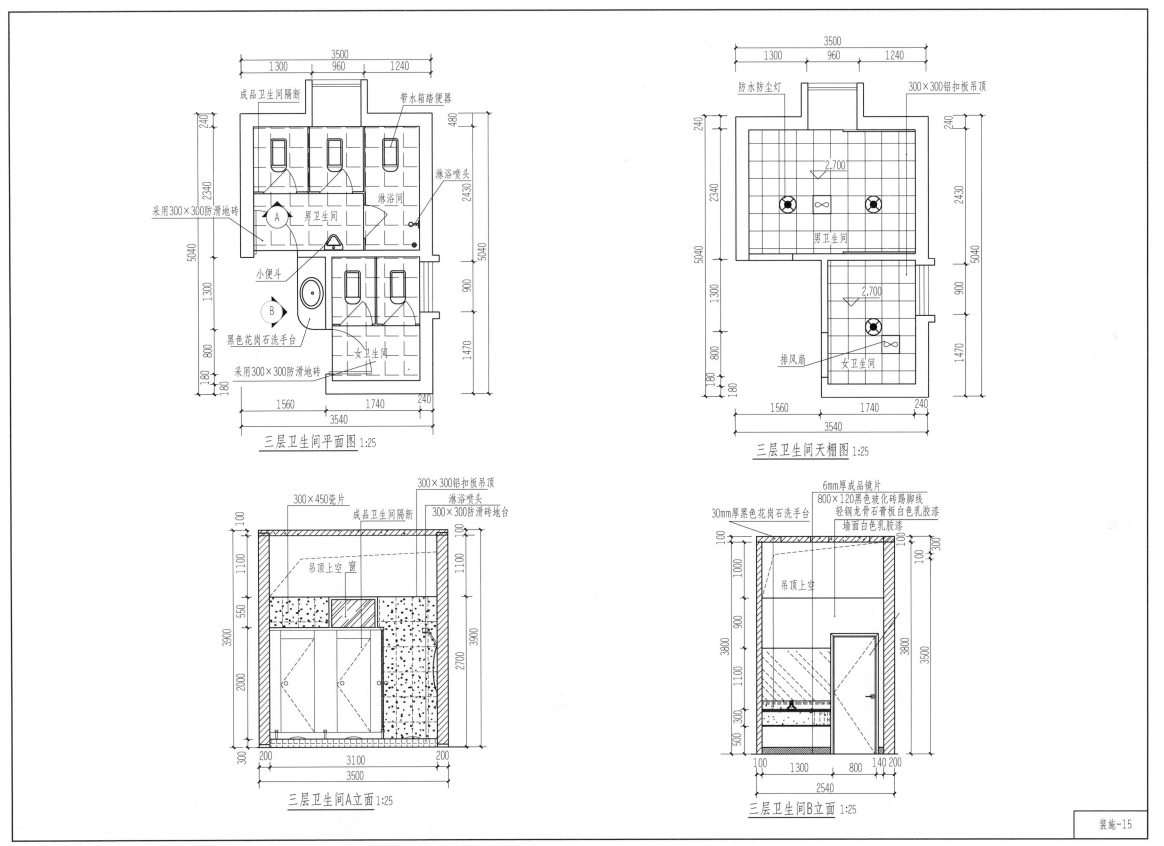

采用300×300防滑地砖
成品卫生间隔断
带水箱踏便器
淋浴喷头
淋浴间
男卫生间
小便斗
黑色花岗石洗手台
采用300×300防滑地砖
女卫生间

三层卫生间平面图 1:25

防水防尘灯
300×300铝扣板吊顶
男卫生间
排风扇
女卫生间

三层卫生间天棚图 1:25

300×450瓷片
成品卫生间隔断
300×300铝扣板吊顶
淋浴喷头
300×300防滑砖地台
吊顶上空 窗

三层卫生间A立面 1:25

6mm厚成品镜片
800×120黑色玻化砖踢脚线
轻钢龙骨石膏板白色乳胶漆
墙面白色乳胶漆
30mm厚黑色花岗石洗手台
吊顶上空

三层卫生间B立面 1:25

装施-15

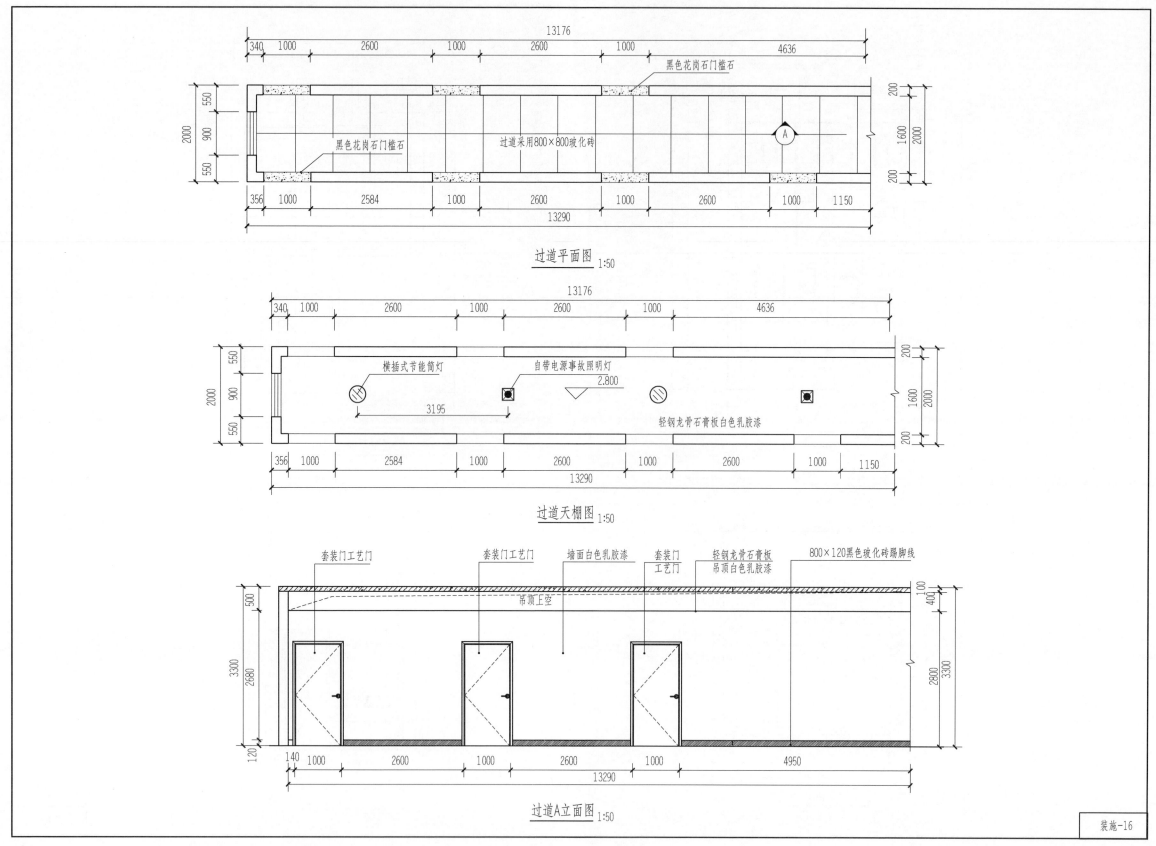

黑色花岗石门槛石

黑色花岗石门槛石

过道采用800×800玻化砖

过道平面图 1:50

横插式节能筒灯

自带电源事故照明灯

2.800

轻钢龙骨石膏板白色乳胶漆

过道天棚图 1:50

套装门工艺门　　套装门工艺门　　墙面白色乳胶漆　　套装门工艺门　　轻钢龙骨石膏板吊顶白色乳胶漆　　800×120黑色玻化砖踢脚线

吊顶上空

过道A立面图 1:50

装施-16

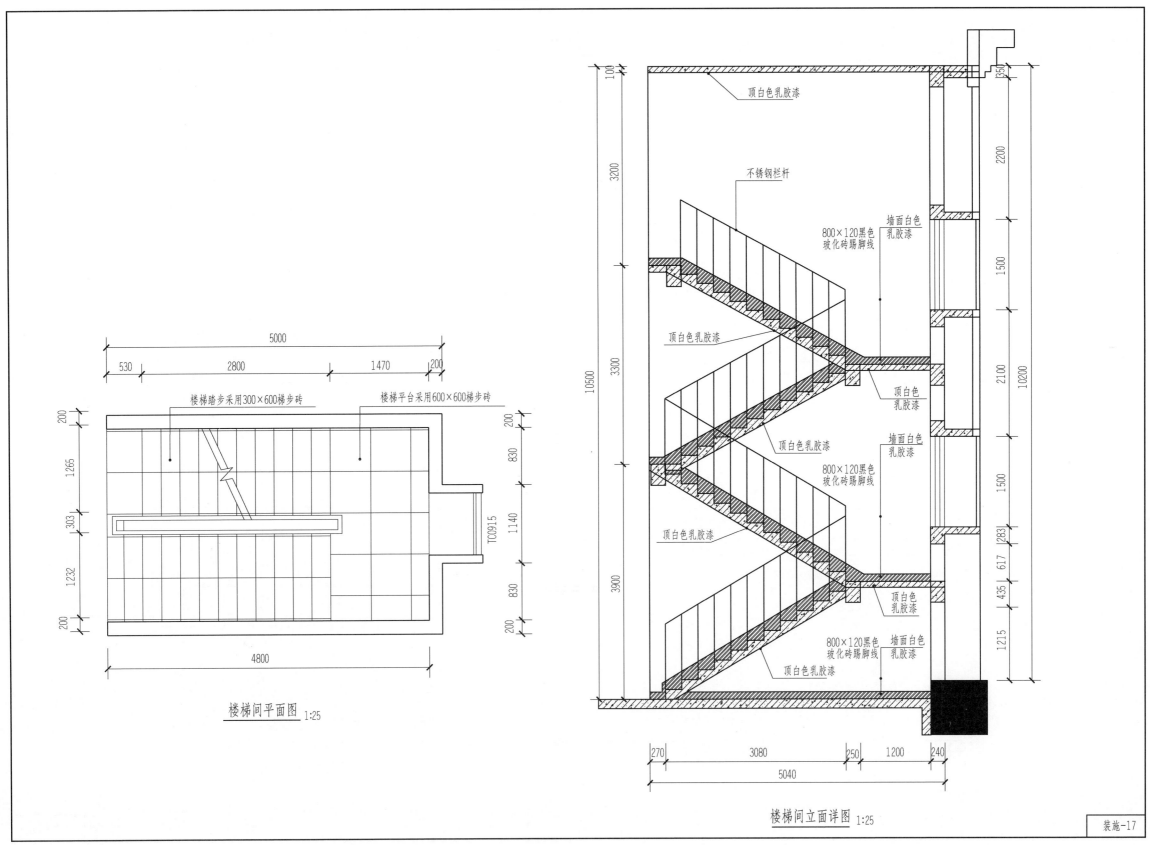

楼梯踏步采用300×600梯步砖   楼梯平台采用600×600梯步砖

楼梯间平面图 1:25

顶白色乳胶漆

不锈钢栏杆

800×120黑色
玻化砖踢脚线

墙面白色
乳胶漆

顶白色乳胶漆

顶白色
乳胶漆

顶白色乳胶漆

墙面白色
乳胶漆

800×120黑色
玻化砖踢脚线

顶白色乳胶漆

顶白色
乳胶漆

800×120黑色
玻化砖踢脚线

墙面白色
乳胶漆

楼梯间立面详图 1:25

装施-17

53

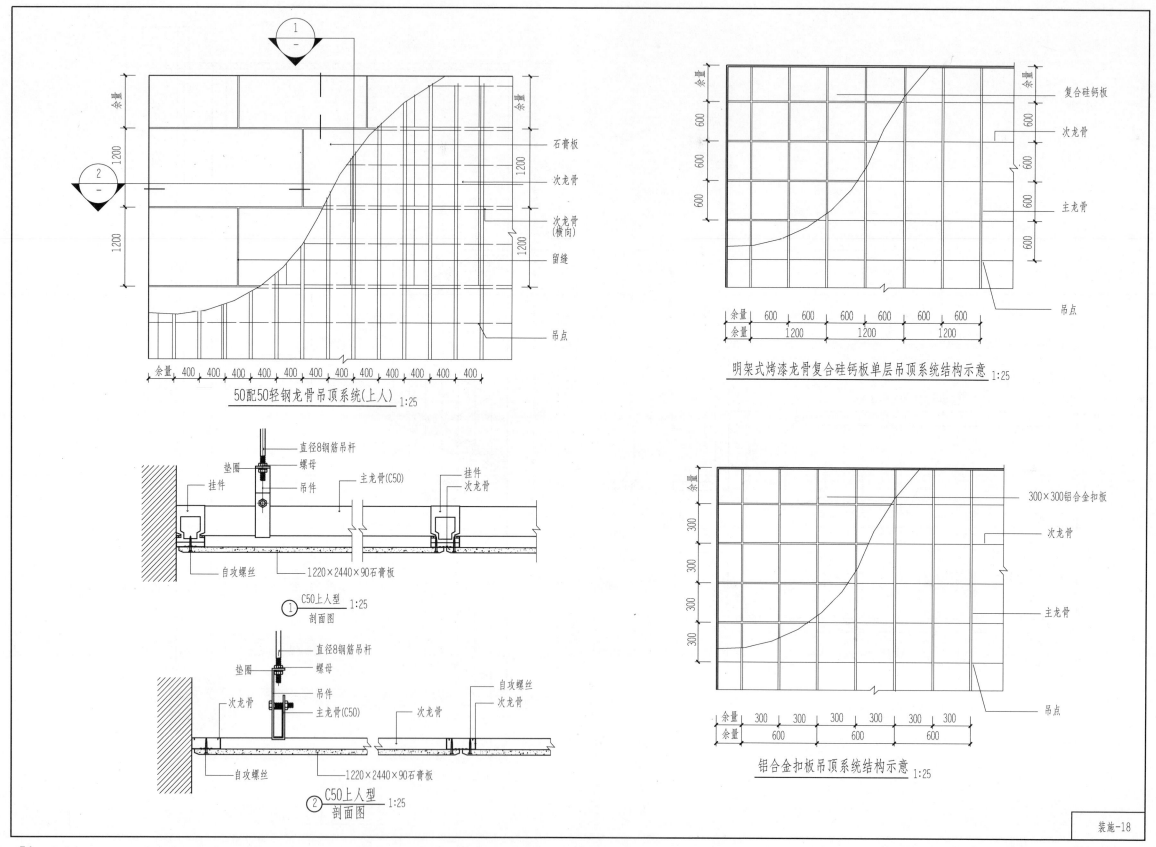

余量 1200 1200

石膏板
次龙骨
次龙骨(横向)
留缝
吊点

余量 400 400 400 400 400 400 400 400 400 400 400 400

50配50轻钢龙骨吊顶系统(上人) 1:25

直径8钢筋吊杆
垫圈
螺母
吊件
主龙骨(C50)
挂件
次龙骨
挂件

自攻螺丝
1220×2440×90石膏板

① C50上人型 1:25
剖面图

直径8钢筋吊杆
垫圈
螺母
吊件
主龙骨(C50)
次龙骨
自攻螺丝
次龙骨

自攻螺丝
1220×2440×90石膏板

② C50上人型 1:25
剖面图

余量 600 600 600

复合硅钙板
次龙骨
主龙骨
吊点

余量 600 600 600 600 600 600
余量 1200 1200 1200

明架式烤漆龙骨复合硅钙板单层吊顶系统结构示意 1:25

余量 300 300 300 300 300

300×300铝合金扣板
次龙骨
主龙骨
吊点

余量 300 300 300 300 300 300
余量 600 600 600

铝合金扣板吊顶系统结构示意 1:25

装施-18